#서술형
#해결전략
#문제해결력
#요즘수학공부법

수학도
독해가
힘이다

**Chunjae
Makes
Chunjae**

▼

기획총괄	박금옥
편집개발	윤경옥, 박초아, 김연정,
	김수정, 김유림
디자인총괄	김희정
표지디자인	윤순미, 김소연
내지디자인	박희춘, 이혜미
제작	황성진, 조규영

발행일	2024년 10월 15일 2판 2024년 10월 15일 1쇄
발행인	(주)천재교육
주소	서울시 금천구 가산로9길 54
신고번호	제2001-000018호
고객센터	1577-0902

수학도 독해가 힘이다

초등 수학 3·1

4차 산업혁명 시대!
AI가 인간의 일자리를 대체하는 시대가
코앞에 다가와 있습니다.

인간의 강력한 라이벌이 되어버린 AI를 이길 수 있는
인간의 가장 중요한 능력 중 하나는
바로 '독해력'입니다.

수학 문제를 푸는 데에도 이러한 '독해력'이 필요합니다.
일단 문장을 읽고 이해한 후 수학적으로 바꾸어 생각하여
무엇을 구해야 할지 알아내는 것이 수학 독해의 핵심입니다.

〈수학도 **독해가 힘이다**〉는 읽고 이해하는
수학 독해력 훈련의 기본서입니다.

Contents

이 책의 **특징**

 준비 + 연습

 1 문제 **해결력** 기르기

---

3 해결 전략을 익혀서 선행 문제 → 실행 문제를 **완성!**

선행 문제 해결 전략

일의 자리 숫자끼리의 합(차)만으로 합(차)이 ■가 되는 두 수를 예상하여 찾을 수 있어.

예 합이 451인 두 수 찾기

143	209	308

합 **451**의 일의 자리 숫자가 **1**이므로
일의 자리 숫자끼리의 합이 **1**인 두 수는

$$143+209=\square\square2\,(\times)$$
$$\underset{3+9=12}{\underbrace{\qquad}}$$

$$209+308=\square\square7\,(\times)$$

---

2 선행 문제를 풀면 실행 문제를 풀기 **쉬워져!**

선행 문제 1

다음에서 합의 일의 자리 숫자가 4인 두 수를 찾아 쓰세요.

208	345	106

실행 문제를 풀기 위한 워밍업

풀이 208＋345의 일의 자리 숫자: ☐

345＋106의 일의 자리 숫자: ☐

208＋106의 일의 자리 숫자: ☐

➡ 합의 일의 자리 숫자가 4인 두 수:

---

1 실행 문제를 푸는 것이 목표!

실행 문제 1

두 수를 골라 덧셈식을 만들려고 합니다./
☐ 안에 알맞은 두 수를 구하세요.

416	885	784

$$\boxed{}+\boxed{}=1200$$

전략 합 1200의 일의 자리 숫자가 0이므로
일의 자리 숫자끼리의 합이 0인 두 수를 찾자.

❶ 일의 자리 숫자끼리

풀이 단계별 전략 제시

☐, ☐

---

4 쌍둥이 문제로 실행 문제를 **완벽히 익히자!**

쌍둥이 문제 1-1

두 수를 골라 덧셈식을 만들려고 합니다./
☐ 안에 알맞은 두 수를 구하세요.

525	609	644

$$\boxed{}+\boxed{}=1134$$

실행 문제 따라 풀기

실행 문제 해결 방법을 보면서 따라 풀기

❶

❷

답 _____

수학 사고력 키우기

단계별로 풀면서 **사고력 UP!** 따라 풀기를 하면서 **서술형 완성!**

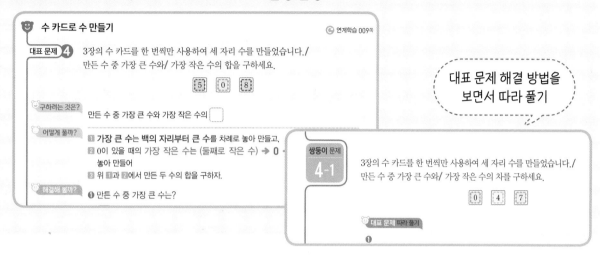

😊 **수 카드로 수 만들기**　　　　　　　　　　　　　ⓒ 연계학습 009쪽

대표 문제 ④　3장의 수 카드를 한 번씩만 사용하여 세 자리 수를 만들었습니다. / 만든 수 중 가장 큰 수와 / 가장 작은 수의 합을 구하세요.

5　0　8

구하려는 것은?　만든 수 중 가장 큰 수와 가장 작은 수의 ☐

어떻게 풀까?
1 가장 큰 수는 백의 자리부터 큰 수를 차례로 놓아 만들고,
2 0이 있을 때의 가장 작은 수는 (둘째로 작은 수) → 0 …… 놓아 만들어
3 위 1과 2에서 만든 두 수의 합을 구하자.

해결해 볼까?　❶ 만든 수 중 가장 큰 수는?

> 대표 문제 해결 방법을 보면서 따라 풀기

쌍둥이 문제 4-1　3장의 수 카드를 한 번씩만 사용하여 세 자리 수를 만들었습니다. / 만든 수 중 가장 큰 수와 / 가장 작은 수의 차를 구하세요.

0　4　7

🐻 대표 문제 **따라 풀기**
❶

수학 독해력 완성하기

차근차근 단계를 밟아 가며 **문제 해결력 완성!**

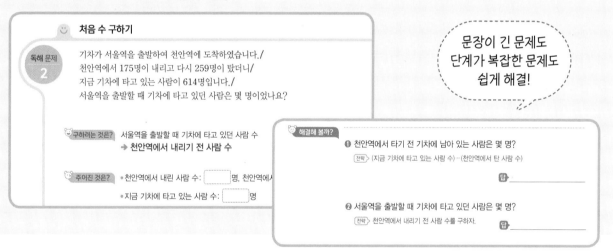

😊 **처음 수 구하기**

독해 문제 ②　기차가 서울역을 출발하여 천안역에 도착하였습니다. / 천안역에서 175명이 내리고 다시 259명이 탔더니 / 지금 기차에 타고 있는 사람이 614명입니다. / 서울역을 출발할 때 기차에 타고 있던 사람은 몇 명이었나요?

구하려는 것은?　서울역을 출발할 때 기차에 타고 있던 사람 수
→ **천안역에서 내리기 전 사람 수**

주어진 것은?
• 천안역에서 내린 사람 수: ☐ 명, 천안역에서 …
• 지금 기차에 타고 있는 사람 수: ☐ 명

> 문장이 긴 문제도 단계가 복잡한 문제도 쉽게 해결!

🐻 **해결해 볼까?**
❶ 천안역에서 타기 전 기차에 남아 있는 사람은 몇 명?
전략 (지금 기차에 타고 있는 사람 수)−(천안역에서 탄 사람 수)
답 _____

❷ 서울역을 출발할 때 기차에 타고 있던 사람은 몇 명?
전략 천안역에서 내리기 전 사람 수를 구하자.
답 _____

창의·융합·코딩 체험하기

요즘 수학 문제인 **창의 · 융합 · 코딩** 문제 수록

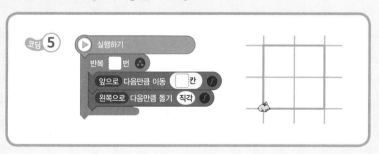

코딩 **⑤**　▶ 실행하기
반복 ☐ 번 ✕
앞으로 다음만큼 이동 ☐ 칸
왼쪽으로 다음만큼 돌기 직각

> 4차 산업 혁명 시대에 알맞은 최신 트렌드 유형

1 덧셈과 뺄셈

윤석이와 로봇이 줄넘기를 하고 있어요.

로봇은 줄넘기를 522회 했고,

520, 521, 522

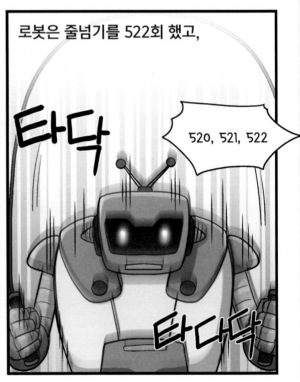

윤석이는 로봇보다 137회 더 적게 했어요.

으∼이∼너...무...
힘...들...어.

윤석이와 로봇이 한 줄넘기는 모두 몇 회인가요?

오늘도 이겼지롱~

무...물...좀...줘...

윤석이와 로봇이 줄넘기를 하고 있어요./

로봇은 줄넘기를 522회 했고,/ 윤석이는 로봇보다 137회 더 적게 했어요./

윤석이와 로봇이 한 줄넘기는 모두 몇 회인가요?

윤석이는 나보다 137회 더 적게 했으니 뺄셈식을 세워야 윤석이가 한 줄넘기 횟수를 구할 수 있어.

윤석이가 한 줄넘기 횟수를 구해 내가 한 줄넘기 횟수와 더하자.

윤석이와 로봇이 한 줄넘기 횟수를 구해 보자.

로봇이 한 줄넘기 횟수: _____ 회

윤석이가 한 줄넘기 횟수: 522 − ☐ = ☐ (회)

윤석이와 로봇이 한 줄넘기 횟수: _____ 회

{ 문제 해결력 기르기 }

① ~보다 더 많은(적은) 수 구하기

선행 문제 해결 전략

• 덧셈식, 뺄셈식으로 나타내는 표현 알아보기

＋ 덧셈식

• ~보다 ■만큼 더 큰 수
• ~보다 더 많이
• 두 수의 합, 모두

― 뺄셈식

• ~보다 ■만큼 더 작은 수
• ~보다 더 적게
• 두 수의 차, 남은 (남는)

선행 문제 ①

문장에 알맞은 식을 세워 구하세요.

(1) ┌─────────────────────────┐
    │   153개보다 124개 더 많은 수   │
    └─────────────────────────┘

풀이 '더 많은'이므로 덧셈식을 세운다.

→ 153 ◯ 124＝□(개)

(2) ┌─────────────────────────┐
    │   852개보다 112개 더 적은 수   │
    └─────────────────────────┘

풀이 '더 적은'이므로 뺄셈식을 세운다.

→ 852 ◯ 112＝□(개)

실행 문제 ①

과수원에서 수확한 사과는 234개입니다./
귤은 사과보다 355개 더 많이 수확했다면/
수확한 귤은 몇 개인가요?

전략 '~보다 더 많이'에 알맞은 식을 정하자.

❶ 귤은 사과보다 더 많이 수확했으므로
(덧셈식 , 뺄셈식)을 세워야 한다.

전략 (수확한 사과의 수)＋355

❷ (수확한 귤의 수)＝□＋355

＝□(개)

답 _____

쌍둥이 문제 1-1

△△ 도서관에 동화책은 344권 있습니다./
위인전은 동화책보다 103권 더 적게 있다면/
위인전은 몇 권 있나요?

실행 문제 따라 풀기

❶

❷

답 _____

어떤 수 구하기

• 덧셈과 뺄셈의 관계를 이용하여 ■의 값 구하기

⊕ 는 ⊖ 로 변신!

⊖ 는 ⊕ 로 변신!

$$■+1=4$$
변신
$$■=4-1$$

$$■-1=4$$
$$■=4+1$$

선행 문제 2

어떤 수를 구하세요.

(1) (어떤 수)$+187=408$

풀이 (어떤 수)$+187=408$

(어떤 수)$=408-\boxed{}$

$=\boxed{}$

(2) (어떤 수)$-334=667$

풀이 (어떤 수)$-334=667$

(어떤 수)$=667+\boxed{}$

$=\boxed{}$

실행 문제 2

어떤 수에 158을 더했더니 763이 되었습니다./ 어떤 수를 구하세요.

전략 밑줄 친 문장에 알맞은 덧셈식을 세우자.

❶ (어떤 수)$+\boxed{}=763$

전략 덧셈과 뺄셈의 관계를 이용하여 어떤 수를 구하자.

❷ (어떤 수)$=763-\boxed{}$

$=\boxed{}$

쌍둥이 문제 2-1

어떤 수에서 264를 뺐더니 427이 되었습니다./ 어떤 수를 구하세요.

실행 문제 따라 풀기

❶

❷

 답 _____

답 _____

덧셈과 뺄셈

1

7

STEP

{ 문제 해결력 기르기 }

③ **거리 구하기**

선행 문제 해결 전략

> 수직선을 보고 식으로 나타내어 문제를 해결해 봐.

예 수직선의 수로 여러 가지 식 세우기

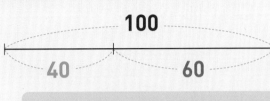

(1) **100＝40＋60**

(2) **40＝100－60**

(3) **60＝100－40**

선행 문제 ③

(1) ㉠을 구하는 식을 세워 보세요.

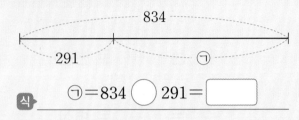

식 ㉠＝834 ◯ 291＝☐

(2) ㉡을 구하는 식을 세워 보세요.

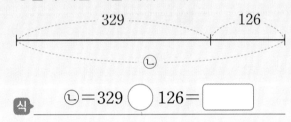

식 ㉡＝329 ◯ 126＝☐

실행 문제 ③

가에서 다까지의 거리는 3 m이고,/
가에서 나까지의 거리는 145 cm입니다./
나에서 다까지의 거리는 몇 cm인가요?

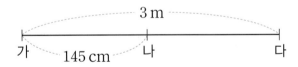

전략 답을 몇 cm로 구해야 하므로 3 m를 cm 단위로 고치자.

❶ (가~다)의 거리

＝3 m＝☐ cm

전략 (가~다)의 거리－(가~나)의 거리

❷ (나~다)의 거리

＝☐－145＝☐ (cm)

쌍둥이 문제 3-1

가에서 다까지의 거리는 5 m이고,/
가에서 나까지의 거리는 314 cm입니다./
나에서 다까지의 거리는 몇 cm인가요?

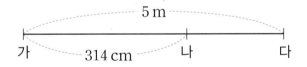

실행 문제 **따라 풀기**

❶

❷

답 _____

답 _____

1

덧셈과 뺄셈

8

④ 수 카드로 수 만들기

 가장 큰 세 자리 수를 만들려면 큰 수부터 백, 십, 일의 자리에 차례로 놓고,

가장 작은 세 자리 수를 만들려면 작은 수부터 백, 십, 일의 자리에 차례로 놓자.

예 **7**, **3**, **8** 로 세 자리 수 만들기

┌ 가장 큰 수: **873** → 큰 수부터 차례로

└ 가장 작은 수: **378** → 작은 수부터 차례로

예 **0**, **1**, **2** 로 세 자리 수 만들기

┌ 가장 큰 수: **210** → 큰 수부터 차례로

└ 가장 작은 수: **102** → (둘째로 작은 수)가 가장 먼저

주의 가장 작은 세 자리 수를 만들 때 0은 백의 자리에 올 수 없으므로 십의 자리에 놓는다.

선행 문제 ④

3장의 수 카드를 한 번씩만 사용하여 세 자리 수를 만들려고 합니다. 물음에 답하세요.

1   3   9

(1) 가장 큰 세 자리 수를 만드세요.

풀이 9 > ☐ > ☐

→ 가장 큰 세 자리 수 : ☐☐☐

(2) 가장 작은 세 자리 수를 만드세요.

풀이 1 < ☐ < ☐

→ 가장 작은 세 자리 수 : ☐☐☐

실행 문제 ④

수 카드 3 , 6 , 2 를 한 번씩만 사용하여 세 자리 수를 만들었습니다. /
만든 수 중 가장 큰 수와/ 가장 작은 수의 합을 구하세요.

전략 큰 수부터 백, 십, 일의 자리에 차례로 써서 만들자.

❶ 가장 큰 세 자리 수 : ☐☐☐

전략 작은 수부터 백, 십, 일의 자리에 차례로 써서 만들자.

❷ 가장 작은 세 자리 수 : ☐☐☐

전략 위 ❶, ❷에서 만든 두 수를 더하자.

❸ 합 : ☐ + ☐ = ☐

답 _____

쌍둥이 문제 ④-1

수 카드 4 , 5 , 9 를 한 번씩만 사용하여 세 자리 수를 만들었습니다. /
만든 수 중 가장 큰 수와/ 가장 작은 수의 차를 구하세요.

실행 문제 따라 풀기

❶

❷

❸

답 _____

1

덧셈과 뺄셈

9

⑤ ■에 알맞은 가장 큰(작은) 수 구하기

선행 문제 해결 전략

• >, <가 있을 때 ■에 알맞은 자연수 구하기

예 ■>437	예 ■<906
■는 437보다 커야 하므로	■는 906보다 작아야 하므로
↓	↓
■=438, 439⋯⋯	■=905, 904⋯⋯
↓	↓
■ 중 가장 작은 수: 438	■ 중 가장 큰 수: 905

선행 문제 ⑤

(1) ■에 알맞은 자연수 중에서 가장 작은 수를 구하세요.

$$■>526$$

풀이 ■는 526보다 커야 하므로 ■에 알맞은 수 중 가장 작은 수는 ☐ 이다.

(2) ■에 알맞은 자연수 중에서 가장 큰 수를 구하세요.

$$■<761$$

풀이 ■는 761보다 작아야 하므로 ■에 알맞은 수 중 가장 큰 수는 ☐ 이다.

실행 문제 ⑤

■에 알맞은 자연수 중에서/ 가장 큰 수를 구하세요.

$$337+■<593$$

전략 <를 =로 바꿔 ■를 구하자.

❶ $337+■=593$,

$■=593-$ ☐ $=$ ☐

전략 337+■는 593보다 작아야 하므로 실제로 ■는 ❶에서 구한 수보다 작다.

❷ 문제의 식을 간단히 나타내면

$■<$ ☐

❸ ■에 알맞은 자연수 중 가장 큰 수:

☐

답 ＿＿＿＿＿＿＿＿＿＿

쌍둥이 문제 5-1

■에 알맞은 자연수 중에서/ 가장 큰 수를 구하세요.

$$■+148<495$$

실행 문제 따라 풀기

❶

❷

❸

답 ＿＿＿＿＿＿＿＿＿＿

6 합(차)이 ■가 되는 두 수 찾기

선행 문제 해결 전략

일의 자리 숫자끼리의 합(차)만으로 합(차)이 ■가 되는 두 수를 예상하여 찾을 수 있어.

예 합이 451인 두 수 찾기

> 143   209   308

합 451의 일의 자리 숫자가 **1**이므로
일의 자리 숫자끼리의 합이 **1**인 두 수는

$$143+209=\square\square2\ (\times)$$
$$\underset{3+9=12}{}$$

$$209+308=\square\square7\ (\times)$$
$$\underset{9+8=17}{}$$

$$143+308=\square\square1\ (\bigcirc)$$
$$\underset{3+8=11}{}$$

➡ 합이 451이라고 예상하는 두 수: 143, 308

선행 문제 6

다음에서 합의 일의 자리 숫자가 4인 두 수를 찾아 쓰세요.

> 208   345   106

풀이   208＋345의 일의 자리 숫자 : ☐

345＋106의 일의 자리 숫자 : ☐

208＋106의 일의 자리 숫자 : ☐

➡ 합의 일의 자리 숫자가 4인 두 수:

☐ , ☐

실행 문제 6

두 수를 골라 덧셈식을 만들려고 합니다./
☐ 안에 알맞은 두 수를 구하세요.

> 416   885   784

☐ ＋ ☐ ＝1200

전략 합 1200의 일의 자리 숫자가 0이므로
일의 자리 숫자끼리의 합이 0인 두 수를 찾자.

❶ 일의 자리 숫자끼리의 합이 0인 두 수:

☐ , ☐

전략 ❶에서 답한 두 수의 합을 구하여 확인하자.

❷ 덧셈식: ☐ ＋ ☐ ＝ ☐

답

쌍둥이 문제 6-1

두 수를 골라 덧셈식을 만들려고 합니다./
☐ 안에 알맞은 두 수를 구하세요.

> 525   609   644

☐ ＋ ☐ ＝1134

실행 문제 따라 풀기

❶

❷

답

1

덧셈과 뺄셈

{ 수학 사고력 키우기 }

😊 **~보다 더 많은(적은) 수 구하기**

Ⓒ 연계학습 006쪽

대표 문제 1

제주도로 가는 비행기에 어른은 212명 탔고, /
어린이는 어른보다 105명 더 적게 탔습니다. /
이 비행기에 탄 어른과 어린이는 모두 몇 명인가요?

😊 **구하려는 것은?**

비행기에 탄 어른과 [   ] 수의 합

🐻 **주어진 것은?**

• 비행기에 탄 어른 수: [   ]명

• 어린이가 어른보다 [   ]명 더 적게 탐.

😊 **해결해 볼까?**

❶ 비행기에 탄 어린이는 몇 명?

[전략] (비행기에 탄 어른 수)−105

답 _____

❷ 비행기에 탄 어른과 어린이는 모두 몇 명?

[전략] (비행기에 탄 어른 수)+(비행기에 탄 어린이 수)

답 _____

쌍둥이 문제 1-1

천재미술관에 그림은 366점 있고, /
조각은 그림보다 135점 더 적게 있습니다. /
천재미술관에 있는 그림과 조각은 모두 몇 점인가요?

😊 **대표 문제 따라 풀기**

❶

❷

답 _____

1
덧셈과 뺄셈

😊 어떤 수 구하기

연계학습 007쪽

대표 문제 2

종이 2장에 세 자리 수를 각각 써 놓았는데/
그중 한 장이 찢어져서 백의 자리 숫자만 보입니다./
두 수의 합이 934일 때 찢어진 종이에 적힌 세 자리 수를 구하세요.

546	3

😊 구하려는 것은?

찢어진 종이에 적힌 ☐ 자리 수

😊 어떻게 풀까?

☐ 찢어진 종이에 적힌 세 자리 수를 ☐라 하여 덧셈식을 세운 후,

☐ 덧셈과 뺄셈의 관계를 이용해 ☐를 구하자.

😊 해결해 볼까?

❶ 찢어진 종이에 적힌 세 자리 수를 ☐라 하여 덧셈식을 세우면?

식 _____

❷ 찢어진 종이에 적힌 세 자리 수는?

전략 ❶에서 세운 식에서 덧셈과 뺄셈의 관계를 이용해 ☐를 구하자.

답 _____

쌍둥이 문제 2-1

종이 2장에 세 자리 수를 각각 써 놓았는데/
그중 한 장이 찢어져서 백의 자리 숫자만 보입니다./
두 수의 차가 574일 때 찢어진 종이에 적힌 세 자리 수를 구하세요.

237	8

😊 대표 문제 따라 풀기

❶

❷

답 _____

STEP 2 { 수학 사고력 키우기 }

😊 **거리 구하기**

🅒 연계학습 008쪽

대표 문제 ③

가에서 다까지의 거리는 443 m이고, / 다에서 라까지의 거리는 394 m입니다. / 가에서 나까지의 거리가 261 m일 때 / 나에서 라까지의 거리는 몇 m인가요?

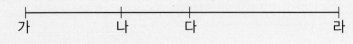

😊 **구하려는 것은?**

나에서 ☐ 까지의 거리

😊 **어떻게 풀까?**

1 문제에 주어진 거리를 그림에 나타낸 후,
2 (가~라)의 거리를 구하고, (나~라)의 거리를 구하자.

😊 **해결해 볼까?**

❶ 문제에 주어진 거리를 그림에 나타내면?

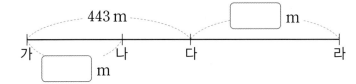

❷ 가에서 라까지의 거리는 몇 m?

[전략] (가~다)의 거리＋(다~라)의 거리

답 _____

❸ 나에서 라까지의 거리는 몇 m?

[전략] (가~라)의 거리－(가~나)의 거리

답 _____

1 덧셈과 뺄셈

14

쌍둥이 문제 3-1

가에서 나까지의 거리는 337 m이고, / 나에서 라까지의 거리는 264 m입니다. / 가에서 다까지의 거리가 486 m일 때 / 다에서 라까지의 거리는 몇 m인가요?

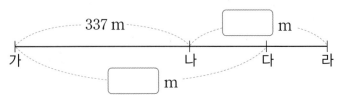

😊 **대표 문제 따라 풀기**

❶

❷

❸

답

😊 수 카드로 수 만들기

© 연계학습 009쪽

대표 문제 ④ 3장의 수 카드를 한 번씩만 사용하여 세 자리 수를 만들었습니다./
만든 수 중 가장 큰 수와/ 가장 작은 수의 합을 구하세요.

😊 **구하려는 것은?**

만든 수 중 가장 큰 수와 가장 작은 수의 ☐

😊 **어떻게 풀까?**

1 가장 큰 수는 백의 자리부터 큰 수를 차례로 놓아 만들고,

2 0이 있을 때의 가장 작은 수는 (둘째로 작은 수) ➡ 0 ➡ (남은 수)의 순서로 놓아 만들어

3 위 **1**과 **2**에서 만든 두 수의 합을 구하자.

😊 **해결해 볼까?**

❶ 만든 수 중 가장 큰 수는?

전략 > 백의 자리부터 큰 수를 차례로 놓자.

답

❷ 만든 수 중 가장 작은 수는?

전략 > 백의 자리에 0 대신 둘째로 작은 수를 놓자.

답

❸ 만든 수 중 가장 큰 수와 가장 작은 수의 합은?

전략 > ❶과 ❷에서 만든 두 수를 더하자.

답

쌍둥이 문제

4-1

3장의 수 카드를 한 번씩만 사용하여 세 자리 수를 만들었습니다./
만든 수 중 가장 큰 수와/ 가장 작은 수의 차를 구하세요.

😊 **대표 문제 따라 풀기**

❶

❷

❸

답

1

덧셈과 뺄셈

15

STEP 2 { 수학 사고력 키우기 }

■에 알맞은 가장 큰(작은) 수 구하기

연계학습 010쪽

대표 문제 5 ■에 알맞은 자연수 중에서 / 가장 작은 수를 구하세요.

$$262 + ■ > 530$$

구하려는 것은?

■에 알맞은 자연수 중에서 가장 [　　] 수

어떻게 풀까?

1 >를 =로 바꿔 ■를 구한 다음,
2 262+■가 530보다 커야 하므로 실제 ■의 범위를 알아보고,
3 이 중 가장 작은 수를 구하자.

해결해 볼까?

❶ 262+■=530에서 ■의 값은?

전략 덧셈과 뺄셈의 관계를 이용하자.　　　답 _____

❷ 문제에 주어진 식을 수 하나로 간단히 나타내면?

전략 262+■는 530보다 커야 하므로
실제로 ■는 ❶에서 구한 수보다 크다.　　　식 _____

❸ ■에 알맞은 자연수 중에서 가장 작은 수는?

전략 ❷에서 나타낸 식을 만족하는 가장 작은 수를 구하자.　　　답 _____

덧셈과 뺄셈

1

16

쌍둥이 문제 5-1

■에 알맞은 자연수 중에서 / 가장 작은 수를 구하세요.

$$■ + 187 > 343$$

대표 문제 따라 풀기

❶

❷

❸

답 _____

🙂 합(차)이 ■가 되는 두 수 찾기

연계학습 011쪽

대표 문제 6

수 카드 384 , 652 , 217 , 465 중에서 두 장을 뽑아 두 수의 차를 구하였더니 167이었습니다. /
뽑은 두 장의 수 카드를 구하세요.

😊 **구하려는 것은?**

차가 [   ]인 두 장의 수 카드

😊 **어떻게 풀까?**

1️⃣ **차 167의 일의 자리 숫자가 7이므로 일의 자리 숫자끼리의 차가 7인 두 수끼리 짝 지은 후,**

2️⃣ 짝 지은 두 수의 차를 구해 뽑은 두 장의 수 카드를 찾자.

😊 **해결해 볼까?**

❶ 일의 자리 숫자끼리의 차가 7인 두 수끼리 짝 지으면?

[전략] 차 167의 일의 자리 숫자가 7이므로 받아내림을 생각하며 일의 자리 숫자끼리의 차가 7인 두 수를 찾자.

답 (384 , [   ]), ([   ] , [   ])

❷ 위 ❶에서 짝 지은 두 수끼리의 차를 구하면?

[예상 1] 384 − [   ] = [   ]   [예상 2] [   ] − [   ] = [   ]

❸ 뽑은 두 장의 수 카드는?

[전략] 위 ❷에서 차가 167인 두 수를 찾자.   답 _____

덧셈과 뺄셈

1

17

쌍둥이 문제 6-1

수 카드 762 , 835 , 601 , 518 중에서 두 장을 뽑아 두 수의 차를 구하였더니 234였습니다. /
뽑은 두 장의 수 카드를 구하세요.

😊 **대표 문제 따라 풀기**

❶

❷

❸

답 _____

STEP 3 { 수학 독해력 완성하기 }

☺ **바르게 계산한 값 구하기**

독해 문제 1

어떤 수에 247을 더해야 할 것을/
잘못하여 뺐더니 354가 되었습니다./
바르게 계산한 값을 구하세요.

😊 **구하려는 것은?** 바르게 계산한 값 ➡ 어떤 수에 247을 (더한 , 뺀) 값

🐻 **주어진 것은?** 잘못된 계산 ➡ 어떤 수에서 247을 뺀 값: ☐

😊 **어떻게 풀까?**
① 어떤 수를 ☐라 하여 잘못 계산한 식을 세운 후,
② 덧셈과 뺄셈의 관계를 이용하여 ☐를 구하고,
③ 구한 ☐에 247을 더해 바르게 계산한 값을 구하자.

😊 **해결해 볼까?**

❶ 어떤 수를 ☐라 하여 잘못 계산한 식을 세우면?

식 _____

❷ 위 ❶에서 세운 식에서 어떤 수를 구하면?

답 _____

❸ 위 ❷에서 구한 어떤 수로 바르게 계산한 값을 구하면?

 어떤 수에 247을 더하자.

답 _____

덧셈과 뺄셈

18

😊 처음 수 구하기

독해 문제 2

기차가 서울역을 출발하여 천안역에 도착하였습니다. /
천안역에서 175명이 내리고 다시 259명이 탔더니 /
지금 기차에 타고 있는 사람이 614명입니다. /
서울역을 출발할 때 기차에 타고 있던 사람은 몇 명이었나요?

🐻 **구하려는 것은?** 서울역을 출발할 때 기차에 타고 있던 사람 수
→ **천안역에서 내리기 전 사람 수**

🐻 **주어진 것은?**
• 천안역에서 내린 사람 수: ⬚ 명, 천안역에서 탄 사람 수: ⬚ 명
• 지금 기차에 타고 있는 사람 수: ⬚ 명

🐻 **어떻게 풀까?**
1️⃣ 지금 기차에 타고 있는 사람 수부터 거꾸로 생각하여 천안역에서 타기 전 사람 수를 구한 후,
2️⃣ 천안역에서 내리기 전 사람 수를 차례로 구하자.

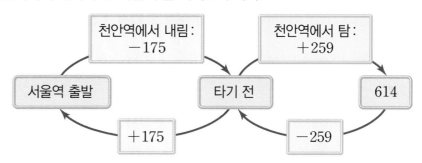

🐻 **해결해 볼까?**

❶ 천안역에서 타기 전 기차에 남아 있는 사람은 몇 명?

 전략 (지금 기차에 타고 있는 사람 수)−(천안역에서 탄 사람 수)

답 _____

❷ 서울역을 출발할 때 기차에 타고 있던 사람은 몇 명?

전략 천안역에서 내리기 전 사람 수를 구하자. 답 _____

덧셈과 뺄셈

19

STEP 3 { 수학 독해력 완성하기 }

😊 **차가 ■에 가장 가까운 뺄셈식 만들기**

독해 문제 3

두 수를 골라 차가 200에 가장 가까운 뺄셈식을 만드세요.

| 395 | 114 | 534 | 586 |

😊 **구하려는 것은?** 차가 [　　　]에 가장 가까운 뺄셈식

🐻 **주어진 것은?** 네 개의 수 : 395, 114, [　　　], 586

😊 **어떻게 풀까?** **1** 각 수가 몇백에 더 가까운지 어림한 다음,
2 어림한 수끼리의 차가 200에 가장 가까운 두 수를 찾자.

😊 **해결해 볼까?** ┄┄┄┄┄┄┄┄┄┄┄┄┄┄┄┄┄┄┄┄┄┄┄┄┄┄┄┄┄┄┄┄┄┄┄┄

❶ 각 수가 몇백에 더 가까운지 어림하면?

395 ➡ [400] , 114 ➡ [　　　] , 534 ➡ [　　　] , 586 ➡ [600]

❷ 위 **❶**에서 어림한 수를 이용하여 차가 200에 가장 가까운 두 수를 예상하면?

답

❸ 위 **❷**에서 예상한 두 수의 뺄셈식을 쓰면?

식

1

덧셈과 뺄셈

20

■에 알맞은 가장 큰(작은) 수 구하기

연계학습 016쪽

독해 문제 4

■에 알맞은 자연수 중에서 / 가장 큰 수를 구하세요.

$$780 - ■ > 584$$

구하려는 것은? ■에 알맞은 자연수 중에서 가장 (작은 , 큰) 수

주어진 것은? $780 - ■ > 584$

어떻게 풀까?
1 >를 =로 바꿔 ■를 구한 다음,
2 $780 - ■$가 584보다 커야 하므로 실제 ■의 범위를 알아보고,
3 이 중 가장 큰 수를 구하자.

해결해 볼까?

❶ >를 =로 바꿔 ■의 값을 구하면?

 답 _____

❷ $780 - ■ > 584$를 만족하려면 ■는 ❶에서 구한 수보다 (작아야 , 커야) 한다.

전략 빼는 수가 작을수록 계산 결과는 커진다.

❸ 문제에 주어진 식을 수 하나로 간단히 나타내면?

전략 ❷에서 답한 문장에 알맞게 식으로 나타내자.

 식 _____

❹ ■에 알맞은 자연수 중에서 가장 큰 수는?

답 _____

융합 ① 관광객 266명을 태운 배가 우도에 도착한 후/
이 배를 타고 갔던 178명을 다시 태우고 돌아왔습니다./
배를 타고 갔던 관광객 중 우도에 남아 있는 사람은 몇 명인가요?

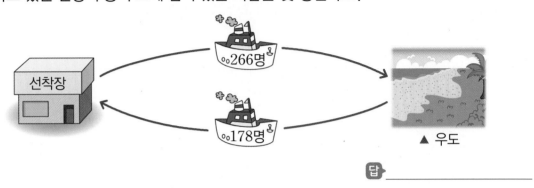

▲ 우도

답 _____

코딩 ② 입력한 값의 크기에 따라 계산을 달리하는 순서도입니다./ 물음에 답하세요.

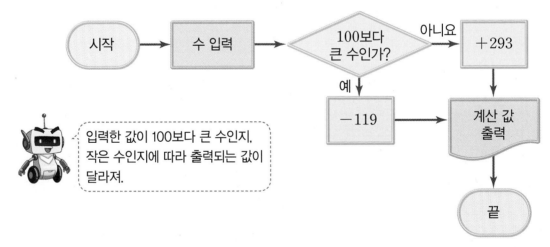

입력한 값이 100보다 큰 수인지,
작은 수인지에 따라 출력되는 값이
달라져.

(1) 263을 입력했을 때/ 출력되는 값을 구하세요.

답 _____

(2) 85를 입력했을 때/ 출력되는 값을 구하세요.

답 _____

3 수가 쓰여 있는 풍선 과녁이 있습니다./
화살을 두 번 던져 맞힌 두 풍선에 쓰여 있는 두 수의 합을 점수로 얻는다면/
얻을 수 있는 가장 큰 점수는 몇 점인가요?

답 _____

 4 누른 단추 색깔에 따라 다음과 같이 펭귄이 한 칸씩 이동합니다./
현재 위치에서 시작하여 는 656번,/ 는 491번 눌렀다면/
펭귄은 어느 방향으로 몇 칸 이동해 있을까요?

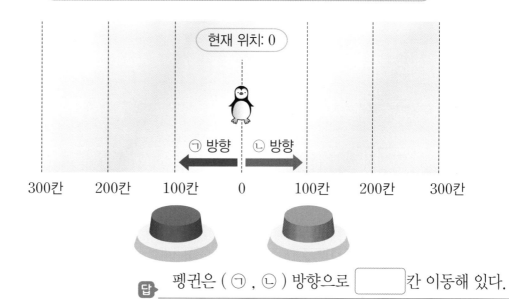

답 펭귄은 (㉠ , ㉡) 방향으로 ☐ 칸 이동해 있다.

1

덧셈과 뺄셈

23

{ 창의·융합·코딩 **체험**하기 }

코딩 ⑤ 키보드에서 다음과 같은 단추를 한 번씩 누를 때마다 너구리의 수가 변하는 프로그램입니다./
현재 화면에 있는 너구리 수를 보고 물음에 답하세요.

A : 파란 너구리가 1마리씩 늘어납니다.

D : 빨간 너구리가 1마리씩 줄어듭니다.

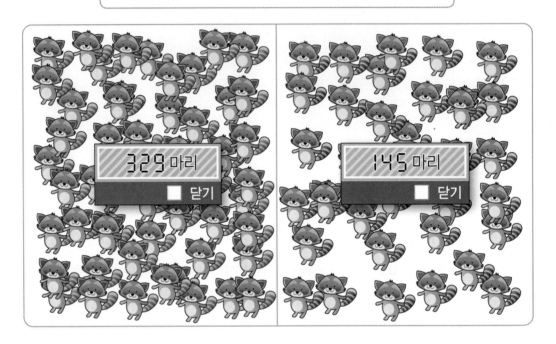

329 마리   □ 닫기

145 마리   □ 닫기

(1) 현재 화면에 있는 파란 너구리와 빨간 너구리 수의 차는 몇 마리인가요?

답

(2) A 만 눌러 파란 너구리와 빨간 너구리 수의 차가 200마리가 되게 하려고 합니다./
몇 번 누르면 되나요?

답

6 천재식물원은 식물 보호를 위해 하루에 900명까지만 입장할 수 있습니다./
오늘 오후에 어른 219명, 어린이 237명이 입장했고,/
입장하지 못한 사람이 185명이었습니다./
오전에 입장한 사람은 몇 명인가요?

 입장하지 못한 사람이 있다는 건 오후까지 입장한 사람이 모두 900명이라는 뜻이야.

답 _____

 7 고장 난 계산기로 계산했더니 다음과 같은 결과가 나왔습니다./
이 계산기로 아래 계산기에 입력된 식을 각각 계산하면 어떤 계산 결과가 나오는지 구하세요.

고장 난 계산기로 계산한 결과

$$428+119=309$$ $$304+266=38$$

$$804-257=1061$$ $$623-129=752$$

고장 난 계산기로 계산했더니 덧셈식의 계산 결과는 작아지고, 뺄셈식의 계산 결과는 커졌어.

결과: ☐   결과: ☐

덧셈과 뺄셈

25

실전 마무리 하기

삼각형에 있는 수의 합 구하기

1 삼각형에 있는 수의 합을 구하세요.

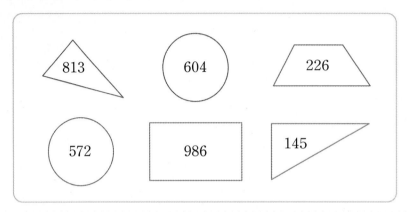

📝 풀이

답 _____

~보다 더 많은(적은) 수 구하기 012쪽

2 빨간 색종이는 543장 있고, 노란 색종이는 빨간 색종이보다 203장 더 적게 있습니다. 빨간 색종이와 노란 색종이는 모두 몇 장 있나요?

📝 풀이

답 _____

3 **어떤 수 구하기** ⌒013쪽

종이 2장에 세 자리 수를 각각 써 놓았는데 그중 한 장은 뒤집어 놓았습니다. 두 수의 합이 675일 때 뒤집어 놓은 종이에 적힌 세 자리 수를 구하세요.

풀이▶

답

4 **거리 구하기** ⌒014쪽

그림을 보고 나에서 라까지의 거리는 몇 m인지 구하세요.

풀이▶

답

5 **수 카드로 수 만들기** ⌒015쪽

3장의 수 카드 ⓪, ①, ⑧ 을 한 번씩만 사용하여 세 자리 수를 만들었습니다. 만든 수 중 가장 큰 수와 가장 작은 수의 차를 구하세요.

풀이▶

답

■에 알맞은 가장 큰(작은) 수 구하기 〇016쪽

6 ■에 알맞은 자연수 중에서 가장 작은 수를 구하세요.

$$245 + ■ > 437$$

풀이▶

답

합(차)이 ■가 되는 두 수 찾기 〇017쪽

7 수 카드 496 , 664 , 279 , 457 중에서 두 장을 뽑아 두 수의 합을 구하였더니 953이었습니다. 뽑은 두 장의 수 카드를 구하세요.

풀이▶

답

바르게 계산한 값 구하기 〇018쪽

8 어떤 수에서 259를 빼야 할 것을 잘못하여 더했더니 805가 되었습니다. 바르게 계산한 값을 구하세요.

풀이▶

답

처음 수 구하기 019쪽

9 선우는 갖고 있던 용돈과 어머니께서 주신 500원으로 편의점에서 750원짜리 사탕 1개를 샀습니다. 남은 돈이 230원이라면 선우가 처음에 갖고 있던 용돈은 얼마인가요?

풀이▶

답 _____

1

덧셈과 뺄셈

차가 ■에 가장 가까운 뺄셈식 만들기 020쪽

10 두 수를 골라 차가 300에 가장 가까운 뺄셈식을 만드세요.

| 725 | 298 | 318 | 414 |

29

풀이▶

식 _____

차가 300에 가깝다는 건
차가 300을 넘을 수도 있고, 넘지 않을 수도 있다는 거야.

2 평면도형

선분은 <u>두 점을 곧게 이은 선</u> 이지.

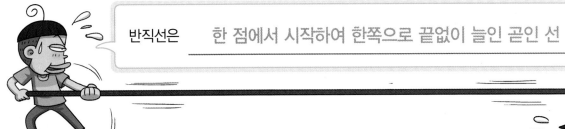

반직선은 <u>한 점에서 시작하여 한쪽으로 끝없이 늘인 곧인 선</u> 이야.

이것도 반직선

직선은 <u>선분을 양쪽으로 끝없이 늘인 곧은 선</u> 이군.

😈 정답 확인 ≫

 여러 가지 평면도형을 알아볼까?

- 각, 직각은 반직선으로 이루어진 도형이야.
- 직각삼각형, 직사각형은 직각이 있는 도형이야.

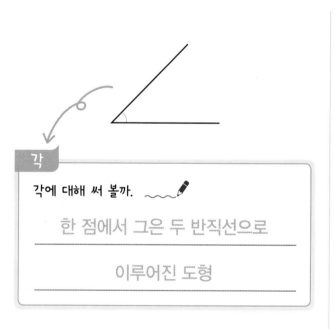

각

각에 대해 써 볼까. ✏️

한 점에서 그은 두 반직선으로

이루어진 도형

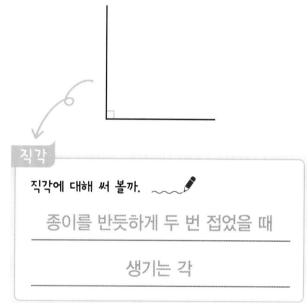

직각

직각에 대해 써 볼까. ✏️

종이를 반듯하게 두 번 접었을 때

생기는 각

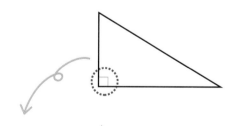

직각삼각형

직각삼각형에 대해 써 볼까. ✏️

한 각이 직각인 삼각형

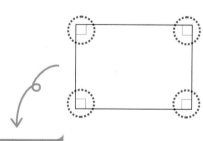

직사각형

직사각형에 대해 써 볼까. ✏️

네 각이 모두 직각인 사각형

{ 문제 해결력 기르기 }

① 잘라서 생기는 도형의 수 구하기

선행 문제 해결 전략

• 점선을 따라 한 번 잘라 생기는 도형 알아보기

직각의 수를 세어 잘랐을 때 생기는 도형을 알아보자.

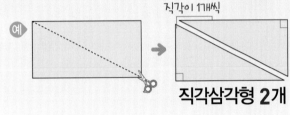

직각이 1개씩

직각삼각형 2개

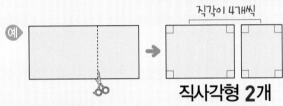

직각이 4개씩

직사각형 2개

선행 문제 ①

직사각형 모양의 종이에 그은 점선을 따라 모두 잘랐을 때 생기는 도형의 수를 구하세요.

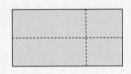

풀이 점선을 따라 모두 자르면

➡ 직사각형 ☐ 개

실행 문제 ①

색종이에 그은 점선을 따라 모두 잘랐을 때/ 생기는 직사각형과 직각삼각형 수의 차는 몇 개인가요?

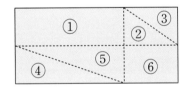

전략 그은 점선으로 생긴 도형에 번호를 매겨 직사각형과 직각삼각형 수를 각각 세어 보자.

❶ 직사각형: _____①, _____ ➡ ☐ 개

직각삼각형: ___②, ③, ___ ➡ ☐ 개

전략 ❶에서 구한 두 수의 차를 구하자.

❷ ☐ ─ ☐ = ☐ (개)

답 _____

쌍둥이 문제 1-1

색종이에 그은 점선을 따라 모두 잘랐을 때/ 생기는 직사각형과 직각삼각형 수의 차는 몇 개인가요?

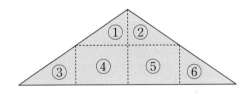

실행 문제 따라 풀기

❶

❷

답 _____

② 도형의 특징 알아보기

선행 문제 해결 전략

	직각삼각형	직사각형	정사각형
변	3개	4개	4개 같음.
꼭짓점	3개	4개	4개 같음.
직각	1개	4개	4개 같음.
변의 길이	모두 같지 않음.	마주 보는 두 변끼리 같음.	모두 같음.

다름.

선행 문제 ②

각 도형을 설명하려고 합니다. ☐ 안에 알맞은 말을 써넣으세요.

(1) 직각삼각형: ☐ 각이 직각인 삼각형

(2) 직사각형: ☐ 각이 모두 직각인 사각형

(3) 정사각형:

　　네 각이 모두 ☐ 이고 ☐ 변의 길이가 모두 같은 사각형

실행 문제 ②

직사각형과 정사각형을 보고 다른 점을 쓰세요.

직사각형　　　정사각형

6 cm　　　　　5 cm

4 cm

전략 직사각형과 정사각형의 각 변의 길이를 알아보자.

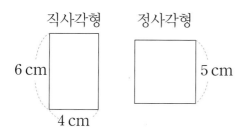

전략 ❶에서 알아본 각 변의 길이로 다른 점을 써 보자.

다른 점 _____

_____

쌍둥이 문제 2-1

직사각형과 정사각형을 보고 같은 점을 2가지 쓰세요.

직사각형　　　정사각형

6 cm　　　　　5 cm

4 cm

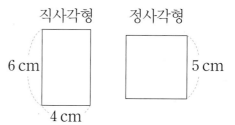

❶ 같은 점 1:

❷ 같은 점 2:

{ 문제 **해결력** 기르기 }

③ **직각의 수 구하기**

선행 문제 해결 전략

• 도형에서 찾을 수 있는 직각의 종류 알아보기

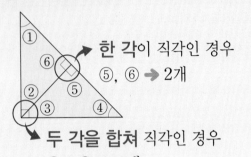

한 각이 직각인 경우
⑤, ⑥ ➔ 2개

두 각을 합쳐 직각인 경우
②+③ ➔ 1개

 한 각이 직각인 경우, 두 각을 합쳐 직각인 경우……로 생각해서 직각을 찾아봐.

선행 문제 ③

도형에서 직각은 모두 몇 개인가요?

(1)

풀이 위 도형에서 직각을 찾아 표시하면
직각의 수: ☐ 개

(2)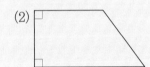

풀이 위 도형에서 직각을 찾아 표시하면
직각의 수: ☐ 개

실행 문제 ③

도형에서 찾을 수 있는 직각은 모두 몇 개인가요?

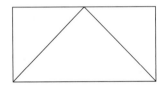

❶ 직각을 모두 찾아 ∟ 로 표시하기

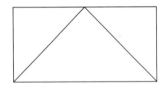

전략 ❶에서 ∟ 로 표시한 직각의 수를 구하자.

❷ 직각의 수: ☐ 개

쌍둥이 문제 3-1

도형에서 찾을 수 있는 직각은 모두 몇 개인가요?

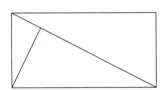

실행 문제 따라 풀기

❶

❷

답 _____

답 _____

④ 한 변의 길이 구하기

2

평면도형

35

선행 문제 해결 전략

• 네 변의 길이의 합을 간단한 식으로 나타내기

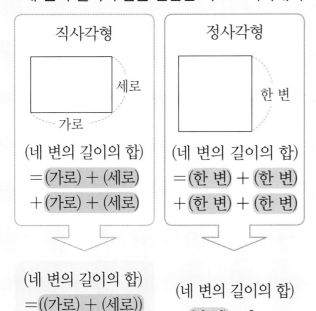

| 직사각형 | 정사각형 |

(네 변의 길이의 합)
= (가로) + (세로)
+ (가로) + (세로)

(네 변의 길이의 합)
= (한 변) + (한 변)
+ (한 변) + (한 변)

(네 변의 길이의 합)
=((가로) + (세로))
×2

(네 변의 길이의 합)
=(한 변)×4

선행 문제 ④

(1) 네 변의 길이의 합이 18 cm인 직사각형의 가로와 세로의 합은 몇 cm인가요?

풀이 ((가로)+(세로))×2=□이고

곱셈구구에서 9×2=□이므로

➡ (가로)+(세로)=□(cm)

(2) 네 변의 길이의 합이 28 cm인 정사각형의 한 변의 길이는 몇 cm인가요?

풀이 (한 변)×4=□이고

곱셈구구에서 7×4=□이므로

➡ (한 변)=□ cm

실행 문제 ④

네 변의 길이의 합이 14 cm인 직사각형입니다./ ■에 알맞은 수를 구하세요.

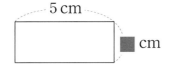
5 cm
■ cm

전략 ((가로)+(세로))×2=14이고, 7×2=14임을 이용하여 (가로)+(세로)를 구하자.

❶ (□+■)×2=14,
└➤ (가로)+(세로)

□+■=□

❷ ■=□-□=□

답 ＿＿＿＿＿＿＿＿

쌍둥이 문제 4-1

네 변의 길이의 합이 18 cm인 직사각형입니다./ ■에 알맞은 수를 구하세요.

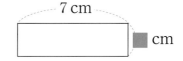
7 cm
■ cm

실행 문제 따라 풀기

❶

❷

답 ＿＿＿＿＿＿＿＿

⑤ 크고 작은 도형의 수 구하기

선행 문제 해결 전략

예 크고 작은 직사각형 찾기

크고 작은 도형의 수를 셀 때에는 작은 도형 1칸짜리, 2칸짜리……로 구분 하여 찾아보자.

① 작은 도형 1칸짜리

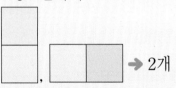 ➔ 3개

② 작은 도형 2칸짜리

➔ 2개

주의 작은 도형 여러 칸으로 이루어진 도형도 빠트 리지 말고 세어야 한다.

선행 문제 ⑤

도형에서 찾을 수 있는 크고 작은 직사각형을 모두 찾아보세요.

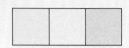

(1) 작은 도형 1칸짜리 직사각형은 몇 개?

풀이 ☐ , ☐ , ☐ ➔ ☐개

(2) 작은 도형 2칸짜리 직사각형은 몇 개?

풀이 ☐ , ☐ ➔ ☐개

(3) 작은 도형 3칸짜리 직사각형은 몇 개?

풀이 ☐ ➔ ☐개

실행 문제 ⑤

도형에서 찾을 수 있는/
크고 작은 직사각형은 모두 몇 개인가요?

전략 작은 직사각형 1칸, 2칸, 4칸으로 이루어진 직사각형 의 수를 세어 보자.

❶ 1칸짜리: ☐개, 2칸짜리: ☐개,

4칸짜리: ☐개

❷ 크고 작은 직사각형의 수: ☐개

답 _____

쌍둥이 문제 5-1

도형에서 찾을 수 있는/
크고 작은 직사각형은 모두 몇 개인가요?

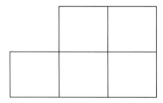

실행 문제 따라 풀기

❶

❷

답 _____

2
평면도형

⑥ 굵은 선의 길이 구하기

선행 문제 해결 전략

• 변의 길이의 합이 같도록 도형을 단순하게 만들기

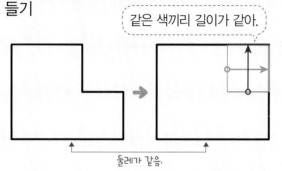

같은 색끼리 길이가 같아.

둘레가 같음.

길이가 같은 변을 옮겨 직사각형을 만들면

(처음 도형의 모든 변의 길이의 합)
=(만든 직사각형의 네 변의 길이의 합)

선행 문제 ⑥

성냥개비 2개를 옮겨 직사각형을 만드세요.

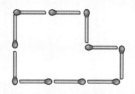

풀이 직사각형은 마주 보는 두 변의 길이가 같으므로 마주 보는 곳으로 성냥개비를 각각 옮긴다.

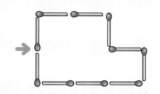

실행 문제 ⑥

정사각형 2개를 겹치지 않게 붙여 만든 도형입니다./ 도형을 둘러싼 굵은 선의 길이는 몇 cm인가요?

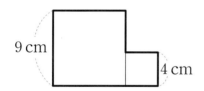

9 cm

4 cm

전략 변을 옮겨 직사각형을 만들고, 만든 직사각형의 가로와 세로의 길이를 구하자.

❶
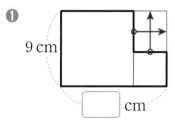

9 cm

[   ] cm

전략 ❶에서 만든 직사각형의 네 변의 길이의 합을 구하자.

❷ (굵은 선의 길이)

=9+[   ]+9+[   ]=[   ] (cm)

답

쌍둥이 문제 6-1

정사각형 2개를 겹치지 않게 붙여 만든 도형입니다./ 도형을 둘러싼 굵은 선의 길이는 몇 cm인가요?

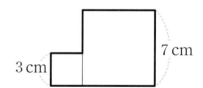

3 cm

7 cm

실행 문제 따라 풀기

❶

❷

답 _____

{ 수학 사고력 키우기 }

😊 잘라서 생기는 도형의 수 구하기

⟲ 연계학습 032쪽

대표 문제 ❶

직사각형 모양의 종이에 그은 점선을 따라 모두 잘랐을 때/
생기는 직사각형과 직각삼각형 수의 차를 구하세요.

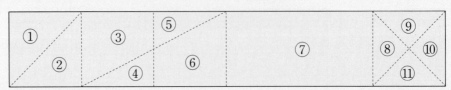

😊 **구하려는 것은?**

점선을 따라 모두 잘랐을 때 생기는 직사각형과 직각삼각형 수의 ☐

😊 **어떻게 풀까?**

1️⃣ 직사각형과 직각삼각형 수를 각각 구한 다음,
2️⃣ 구한 두 수의 차를 구하자.

😊 **해결해 볼까?**

❶ 점선을 따라 모두 잘랐을 때 생기는 직사각형과 직각삼각형은 각각 몇 개?

[전략] 잘랐을 때 생기는 도형에서 직각이 4개인 사각형과 직각이 1개인 삼각형의 수를 각각 구하자.

👉 답 직사각형: _____ , 직각삼각형: _____

❷ 위 ❶에서 구한 두 수의 차는 몇 개?

[전략] (많이 생긴 도형의 수) − (적게 생긴 도형의 수)   답 _____

쌍둥이 문제 1-1

오른쪽 직사각형 모양의 종이에 그은 점선을 따라 모두 잘랐을 때/
생기는 직사각형과 직각삼각형 수의 차는 몇 개인가요?

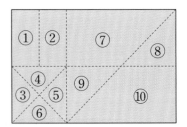

😊 **대표 문제 따라 풀기**

❶

❷

답 _____

도형의 특징 알아보기

연계학습 033쪽

대표 문제 2

다음 조건을 모두 만족하는 도형의 이름을 쓰세요.

> [조건 1] 4개의 선분으로 둘러싸여 있습니다.
> [조건 2] 네 각이 모두 직각입니다.
> [조건 3] 네 변의 길이가 모두 같습니다.

구하려는 것은?

조건을 모두 만족하는 도형의 [ ]

어떻게 풀까?

[조건 1]부터 차례로 만족하는 도형을 알아보자.

해결해 볼까?

❶ [조건 1]을 만족하는 도형은?

전략 ▷ 4개의 선분으로 둘러싸인 도형을 찾자.

답 _____

❷ 위 ❶에서 구한 도형 중 [조건 2]를 만족하는 도형은?

전략 ▷ ❶에서 구한 도형 중 네 각이 모두 직각인 도형을 찾자.

답 _____

❸ 위 ❷에서 구한 도형 중 [조건 3]을 만족하는 도형은?

전략 ▷ ❷에서 구한 도형 중 네 변의 길이가 모두 같은 도형을 찾자.

답 _____

2

평면도형

39

쌍둥이 문제 2-1

다음 조건을 모두 만족하는 도형의 이름을 쓰세요.

> [조건 1] 변과 꼭짓점이 각각 3개씩 있습니다.
> [조건 2] 직각이 1개 있습니다.

대표 문제 따라 풀기

❶

❷

답 _____

{ 수학 사고력 키우기 }

😊 직각의 수 구하기

ⓒ 연계학습 034쪽

대표 문제 ❸ 직각의 수가 더 많은 것의 기호를 쓰세요.

가   나

😊 **구하려는 것은?**

[＿＿＿]의 수가 더 많은 것

😊 **어떻게 풀까?**

1 가와 나에서 찾을 수 있는 직각의 수를 각각 구한 후,

2 직각이 더 많은 것의 기호를 쓰자.

🐻 **해결해 볼까?**

❶ 가와 나에서 찾을 수 있는 직각은 각각 몇 개?

전략 〉 한 각이 직각이 되는 각과 두 각을 합쳐 직각이 되는 각을 모두 찾자.

답 가: ＿＿＿＿＿＿＿＿＿＿ , 나: ＿＿＿＿＿＿＿＿＿＿

❷ 직각의 수가 더 많은 것의 기호는?

전략 〉 ❶에서 구한 직각의 수를 비교하자.   답 ＿＿＿＿＿＿＿＿＿＿

쌍둥이 문제 3-1

직각의 수가 더 많은 것의 기호를 쓰세요.

가   나

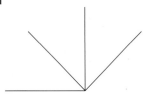 

😊 **대표 문제 따라 풀기**

❶

❷

답 ＿＿＿＿＿＿＿＿＿＿

한 변의 길이 구하기

연계학습 035쪽

대표 문제 4 정사각형과 직사각형의 네 변의 길이의 합은 같습니다. /
□ 안에 알맞은 수를 구하세요.

4 cm

5 cm

☺ 구하려는 것은?
직사각형의 (가로 , 세로)

☺ 어떻게 풀까?
1 정사각형의 네 변의 길이의 합을 구한 후,
2 정사각형과 직사각형의 네 변의 길이의 합이 같음을 이용해
3 직사각형의 세로를 구하자.

☺ 해결해 볼까?
❶ 정사각형의 네 변의 길이의 합은 몇 cm?

전략 정사각형의 네 변의 길이는 모두 같음을 이용하자.   답 _____

❷ 직사각형의 네 변의 길이의 합은 몇 cm?

전략 정사각형의 네 변의 길이의 합과 같음을 이용하자.   답 _____

❸ 직사각형에서 □ 안에 알맞은 수를 구하면?

전략 (직사각형의 네 변의 길이의 합)=((가로)+(세로))×2   답 _____

2

평면도형

41

쌍둥이 문제 4-1 정사각형과 직사각형의 네 변의 길이의 합은 같습니다. /
□ 안에 알맞은 수를 구하세요.

3 cm

1 cm

□ cm

☺ 대표 문제 따라 풀기

❶

❷

❸

답 _____

{ 수학 사고력 키우기 }

🐻 크고 작은 도형의 수 구하기

ⓒ 연계학습 036쪽

대표 문제 ⑤ 오른쪽 도형에서 찾을 수 있는/
크고 작은 직각삼각형은 모두 몇 개인가요?

😊 **구하려는 것은?**

크고 작은 [   ]의 수

😊 **어떻게 풀까?**

❶ 작은 직각삼각형 1칸짜리로 이루어진 직각삼각형 (△)의 수와 작은 직각삼각형 2칸 짜리로 이루어진 직각삼각형 (◺)의 수를 각각 구한 후,

❷ 구한 두 수의 합을 구하자.

😊 **해결해 볼까?**

❶ 작은 직각삼각형 1칸짜리로 이루어진 직각삼각형은 모두 몇 개?

전략 ▷ △ 와 같은 모양의 수를 세어 보자.   답 _____

❷ 작은 직각삼각형 2칸짜리로 이루어진 직각삼각형은 모두 몇 개?

전략 ▷ ◺ 와 같은 모양의 수를 세어 보자.   답 _____

❸ 도형에서 찾을 수 있는 크고 작은 직각삼각형은 모두 몇 개?

전략 ▷ ❶과 ❷에서 찾은 두 수를 더하자.   답 _____

쌍둥이 문제 5-1 오른쪽 도형에서 찾을 수 있는/
크고 작은 직각삼각형은 모두 몇 개인가요?

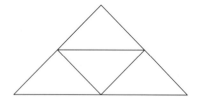

😊 **대표 문제 따라 풀기**

❶

❷

❸

답 _____

2 평면도형

😊 굵은 선의 길이 구하기

🅒 연계학습 037쪽

대표 문제 6

오른쪽은 정사각형 2개를 겹치지 않게 붙여 만든 도형입니다. /
도형을 둘러싼 굵은 선의 길이는 몇 cm인가요?

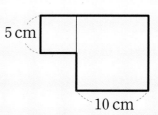

😊 **구하려는 것은?**

도형을 둘러싼 굵은 선의 [   ]

😊 **어떻게 풀까?**

① 변을 옮겨 직사각형을 만들고, 만든 직사각형의 가로와 세로의 길이를 구한 후,

② 변을 옮겨 만든 직사각형의 네 변의 길이의 합이 굵은 선의 길이와 같음을 이용해 굵은 선의 길이를 구하자.

😊 **해결해 볼까?**

❶ [   ] 안에 알맞은 수를 써넣으면?   전략 ▷ 변을 옮겨 만든 직사각형의 가로와 세로의 길이를 구하자.

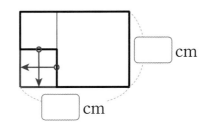

❷ 도형을 둘러싼 굵은 선의 길이는 몇 cm?

전략 ▷ ❶에서 변을 옮겨 만든 직사각형의 네 변의 길이의 합을 구하자.   답 _____

쌍둥이 문제 6-1

오른쪽은 정사각형 2개를 겹치지 않게 붙여 만든 도형입니다. /
도형을 둘러싼 굵은 선의 길이는 몇 cm인가요?

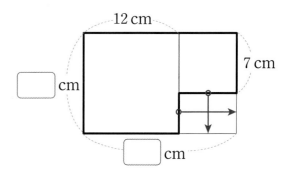

😊 **대표 문제 따라 풀기**

❶

❷

답 _____

{ 수학 독해력 완성하기 }

☺ **한 변의 길이 구하기**

C 연계학습 041쪽

독해 문제 1

직사각형과 정사각형의 네 변의 길이의 합은 같습니다. /
정사각형의 한 변의 길이는 몇 cm인가요?

7 cm

5 cm

🐻 **구하려는 것은?** [   ]의 한 변의 길이

🐻 **주어진 것은?**
• 네 변의 길이의 합이 (같은 , 다른) 직사각형과 정사각형
• 직사각형의 가로: [ ] cm, 직사각형의 세로: [ ] cm

😊 **어떻게 풀까?**
1 직사각형의 네 변의 길이의 합을 구한 다음,
2 직사각형과 정사각형의 네 변의 길이의 합이 같음을 이용하여
3 정사각형의 한 변의 길이를 구하자.

😊 **해결해 볼까?**

❶ 직사각형의 네 변의 길이의 합은 몇 cm?

답 _____

❷ 정사각형의 네 변의 길이의 합은 몇 cm?

답 _____

❸ 정사각형의 한 변의 길이는 몇 cm?

전략 (정사각형의 네 변의 길이의 합)=(한 변)×4이므로 곱셈구구를 이용해 한 변의 길이를 구하자.

답 _____

44

😊 네 변의 길이의 합 구하기

독해 문제 2

정사각형 3개를 겹치지 않게 붙여 만든 직사각형입니다. /
만든 직사각형의 네 변의 길이의 합은 몇 cm인가요?

10 cm

😊 **구하려는 것은?** 만든 직사각형의 네 변의 길이의 ☐

🐻 **주어진 것은?**
• 큰 정사각형의 한 변에 크기가 같은 작은 정사각형 ☐개를 붙여 만든 직사각형

• 큰 정사각형의 한 변의 길이: ☐ cm

😊 **어떻게 풀까?**
1️⃣ 작은 정사각형의 한 변의 길이를 큰 정사각형의 한 변의 길이를 이용해 구하고,
2️⃣ 만든 직사각형의 가로를 구해
3️⃣ 만든 직사각형의 네 변의 길이의 합을 구하자.

😊 **해결해 볼까?**

❶ 작은 정사각형의 한 변의 길이는 몇 cm?

[전략] 작은 정사각형 2개가 서로 한 변이 만나고 있으므로 크기가 같음을 이용하자.

답 _____

❷ 만든 직사각형의 가로는 몇 cm?

답 _____

❸ 만든 직사각형의 네 변의 길이의 합은 몇 cm?

[전략] 만든 직사각형의 세로는 큰 정사각형의
한 변이다.

답 _____

평면도형

2

45

{ 수학 독해력 완성하기 }

🙂 굵은 선의 길이 구하기

연계학습 043쪽

독해 문제 3

직사각형 2개를 겹치지 않게 붙여 만든 도형입니다. /
도형을 둘러싼 굵은 선의 길이는 몇 cm인가요?

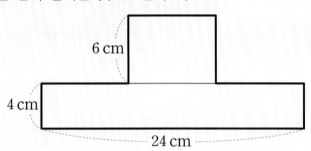

6 cm
4 cm
24 cm

😀 **구하려는 것은?** 도형을 둘러싼 굵은 선의 [ ]

😀 **주어진 것은?**
• 직사각형 [ ]개를 붙여 만든 도형
• 도형의 주어진 변의 길이: 6 cm, [ ] cm, 24 cm

😀 **어떻게 풀까?**
❶ 변을 옮겨 직사각형을 만들고, 만든 직사각형의 가로와 세로의 길이를 알아본 후,
❷ 변을 옮겨 만든 직사각형의 네 변의 길이의 합이 굵은 선의 길이와 같음을 이용해 굵은 선의 길이를 구하자.

😀 **해결해 볼까?**

❶ 변을 옮겨 만든 직사각형에서 ☐ 안에 알맞은 수를 써넣으면?

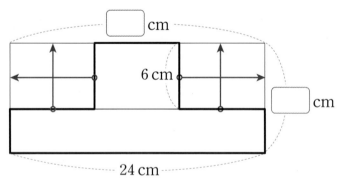

[ ] cm
6 cm
[ ] cm
24 cm

❷ 도형을 둘러싼 굵은 선의 길이는 몇 cm?

답 _____

😊 정사각형의 네 변의 길이의 합 구하기

독해 문제
4

크기가 다른 정사각형 3개를 겹치지 않게 붙여 만든 것입니다. /
정사각형 ㅁㅅㅇㅂ의 네 변의 길이의 합을 구하세요.

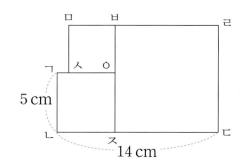

😊 **구하려는 것은?** 가장 (작은 , 큰) 정사각형의 네 변의 길이의 합

🐻 **주어진 것은?**
- 크기가 다른 정사각형 3개
- 선분 ㄱㄴ의 길이: ☐ cm, 선분 ㄴㄷ의 길이: ☐ cm

😊 **어떻게 풀까?**
1 정사각형은 네 변의 길이가 모두 같다는 것과 선분의 길이의 차를 이용하여 가장 큰 정사각형의 한 변인 선분 ㅂㅈ의 길이와 가장 작은 정사각형의 한 변인 선분 ㅂㅇ의 길이를 구한 후,
2 가장 작은 정사각형 ㅁㅅㅇㅂ의 네 변의 길이의 합을 구하자.

🐻 **해결해 볼까?**

❶ 선분 ㅂㅈ의 길이는 몇 cm?

[전략] (선분 ㄴㅈ)=(선분 ㄱㄴ)이고 (선분 ㅂㅈ)=(선분 ㅈㄷ)임을 이용하자.

답

❷ 선분 ㅂㅇ의 길이는 몇 cm?

답

❸ 정사각형 ㅁㅅㅇㅂ의 네 변의 길이의 합은 몇 cm?

[전략] (정사각형의 네 변의 길이의 합)=(한 변)×4 답

{ 창의·융합·코딩 **체험**하기 }

창의 **1** [보기]의 모양 조각을 사용하여 만든 모양입니다./
이 모양을 만드는 데/ 정사각형 모양 조각을 8개 사용했다면/
직각삼각형 모양 조각은 몇 개 사용했나요?

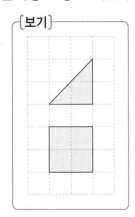

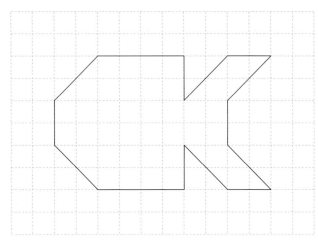

답 ▶ _____

창의 **2** [보기]의 모양 조각을 사용하여/ 색칠된 부분을 겹치지 않게 덮어 보고,/
조각을 각각 몇 개 사용했는지 쓰세요.

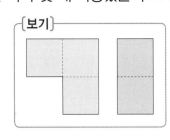

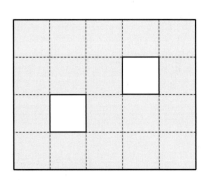

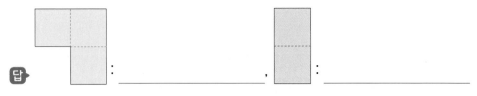

답 _____ : _____ , _____ : _____

다음과 같이 색종이를 2번 접었다 펼쳤습니다./

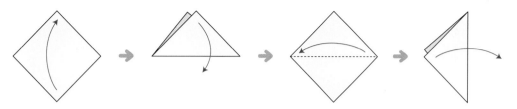

색종이를 펼쳤을 때/ 나타나는 접은 선을 그려 보고,/
접은 선을 포함하여/ 색종이에서 찾을 수 있는 직각은 몇 개인지 구하세요.

접은 선 그리기

답

 주사위가 다음과 같이 쌓여 있습니다./
파란색 주사위를 포함하는/ 크고 작은 직사각형은 모두 몇 개인가요?

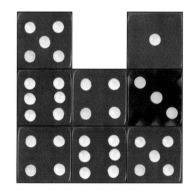

> 파란색 주사위를 포함해서 주사위 1개
> 짜리, 2개짜리, 3개짜리……로 이루어
> 진 직사각형을 알아봐.

답

[코딩 5 ~ 6] 블록 명령어에 따라/ 토끼가 지나온 길은 초록색 선으로 표시됩니다./

초록색 선을 보고 어떤 블록 명령어를 사용했는지/ ☐ 안에 알맞은 수를 써넣으세요.

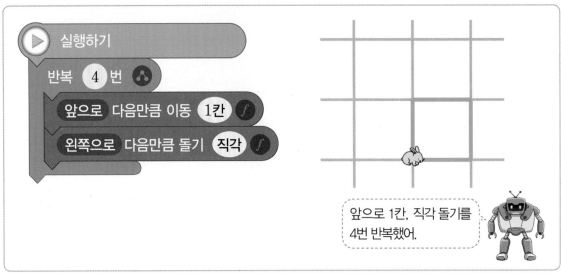

실행하기
반복 4 번
앞으로 다음만큼 이동 1칸
왼쪽으로 다음만큼 돌기 직각

앞으로 1칸, 직각 돌기를 4번 반복했어.

코딩 5

실행하기
반복 ☐ 번
앞으로 다음만큼 이동 ☐칸
왼쪽으로 다음만큼 돌기 직각

코딩 6

실행하기
반복 ☐ 번
앞으로 다음만큼 이동 ☐칸
왼쪽으로 다음만큼 돌기 직각
앞으로 다음만큼 이동 ☐칸
왼쪽으로 다음만큼 돌기 직각

[코딩 7 ~ 8] 거북이 실행 명령어를 통해/ 거북이가 지나가는 길을 그리려고 합니다./
기호에 따른 명령어를 살펴보고/ 거북이가 지나가는 길을 그리세요.

〔명령어〕

◯ : 정해진 수만큼 앞으로 이동

△ : 오른쪽으로 직각만큼 돌기

▢ : 정해진 수만큼 반복

〔참고〕

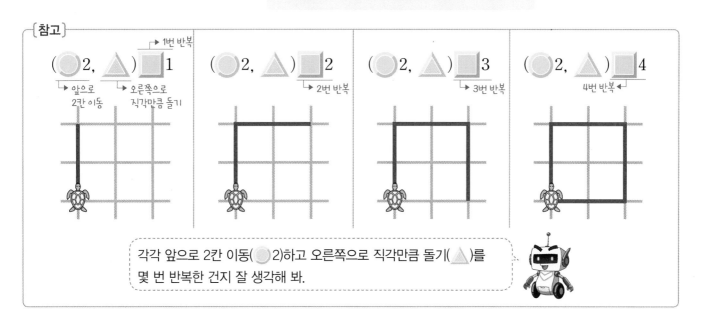

각각 앞으로 2칸 이동(◯2)하고 오른쪽으로 직각만큼 돌기(△)를
몇 번 반복한 건지 잘 생각해 봐.

코딩 7 (◯3, △) ▢2

코딩 8 (◯4, △) ▢3

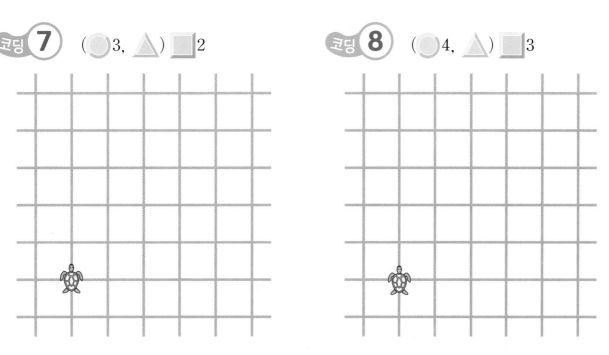

한 변의 길이 구하기 ⌣035쪽

1 네 변의 길이의 합이 16 cm인 직사각형이 있습니다. 짧은 변의 길이가 2 cm라면 긴 변의 길이는 몇 cm인가요?

풀이

답 _____

직사각형의 네 변의 길이의 합 구하기

2 크기가 같은 정사각형 3개를 겹치지 않게 붙여 만든 직사각형입니다. 만든 직사각형의 네 변의 길이의 합은 몇 cm인가요?

3 cm

풀이

답 _____

선분의 길이 구하기

3 정사각형과 직사각형을 겹치지 않게 붙여 만든 도형입니다. 선분 ㅅㅂ의 길이는 몇 cm인가요?

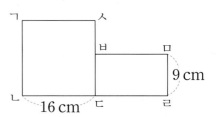

16 cm   9 cm

풀이

답 _____

잘라서 생기는 도형의 수 구하기 ⌒038쪽

4 오른쪽 직사각형 모양의 종이에 그은 점선을 따라 모두 잘랐
을 때 생기는 직각삼각형과 직사각형 수의 차는 몇 개인가요?

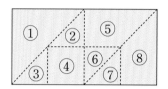

풀이

답 _____

도형의 특징 알아보기 ⌒039쪽

5 다음 조건을 모두 만족하는 도형의 이름을 쓰세요.

> [조건 1] 변과 꼭짓점이 각각 4개씩 있습니다.
> [조건 2] 직각이 4개 있습니다.
> [조건 3] 변의 길이가 모두 같습니다.

풀이

답 _____

2

평면도형

53

직각의 수 구하기 ⌒040쪽

6 직각의 수가 더 적은 것의 기호를 쓰세요.

가 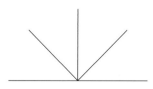   나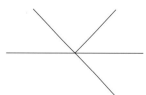

풀이

답 _____

한 변의 길이 구하기 ⌒041쪽

7 정사각형과 직사각형의 네 변의 길이의 합은 같습니다. ☐ 안에 알맞은 수를 구하세요.

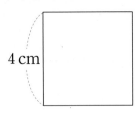

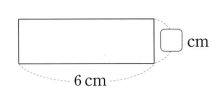

4 cm

6 cm

☐ cm

 풀이

답 _____

네 변의 길이의 합 구하기 ⌒045쪽

8 정사각형 3개를 겹치지 않게 붙여 만든 직사각형입니다. 만든 직사각형의 네 변의 길이의 합은 몇 cm인가요?

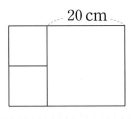

20 cm

풀이

답 _____

굵은 선의 길이 구하기 046쪽

9 직사각형 2개를 겹치지 않게 붙여 만든 도형입니다. 도형을 둘러싼 굵은 선의 길이는 몇 cm인가요?

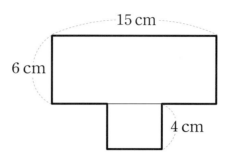

풀이

답 _____

크고 작은 도형의 수 구하기 042쪽

10 오른쪽 도형에서 찾을 수 있는 크고 작은 직각삼각형은 모두 몇 개인가요?

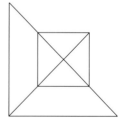

풀이

답 _____

3 나눗셈

길이가 40 m인 오솔길이 있어요.

남매는 길을 잃어버리지 않게 오솔길의 처음부터 끝까지 과자를 놓으며 지나가려고 해요.

과자는 5 m 간격으로 놓고 있어요.

길에 놓을 과자는 몇 개인가요?

길이가 40 m인 오솔길에/

처음부터 끝까지/ 5 m 간격으로 과자를 놓으려고 합니다./

길에 놓을 과자는 몇 개인가요? (단, 과자의 크기는 생각하지 않습니다.)

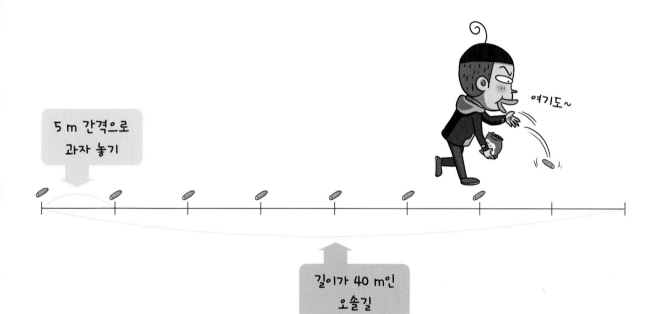

5 m 간격으로
과자 놓기

여기도~

길이가 40 m인
오솔길

간격 수를 먼저 구하면
길에 놓을 과자 수를 구할 수 있어.

간격 수: 40÷□=□(군데)

과자 수: □+1=□(개)

{ 문제 해결력 기르기 }

① 똑같이 나누기

선행 문제 해결 전략

'**똑같이 나눈다**'는 건
나눗셈(÷)을 한다는 거야.

• 나눗셈 **15÷3=5**의 표현 알아보기

예 여러 명에게 똑같이 나누어 주기

> 사과 **15**개를 **3**명에게 똑같이 나누어 주면
> └→ 15÷3
> 한 명이 **5**개씩 가질 수 있다.
> └→ =**5**(15÷3의 몫)

예 한 명에게 똑같은 수만큼씩 나누어 주기

> 사과 **15**개를 한 명에게 **3**개씩 주면
> └→ 15÷3
> **5**명에게 나누어 줄 수 있다.
> └→ =**5**(15÷3의 몫)

선행 문제 ①

(1) 과자 18개를 접시 2개에 똑같이 나누면 접시 한 개에 몇 개씩 놓여 있나요?

풀이

과자 18개를 접시 2개에 똑같이 나누면
└→18÷ ☐

접시 한 개에 18÷ ☐ = ☐ (개)씩 놓여 있다.

(2) 사탕 15개를 한 명에게 5개씩 주면 몇 명에게 나누어 줄 수 있나요?

풀이

사탕 15개를 한 명에게 5개씩 주면
└→15÷ ☐

15÷ ☐ = ☐ (명)에게 나누어 줄 수 있다.

실행 문제 ①

장미 40송이를/
화분 한 개에 8송이씩 심으려고 합니다./
화분 몇 개가 필요할까요?

전략 똑같이 나누어 심을 때 이용하는 기호를 정하자.

❶ 화분 한 개에 똑같은 수만큼씩 나누어 심어야 하므로 (+ , ÷)를 이용한다.

전략 (전체 장미의 수)÷(화분 한 개에 심는 장미의 수)

❷ (화분의 수)=40÷ ☐
            = ☐ (개)

답 _____

쌍둥이 문제 1-1

튤립 56송이를/
화분 한 개에 7송이씩 심으려고 합니다./
화분 몇 개가 필요할까요?

실행 문제 따라 풀기

❶

❷

답 _____

나누어지는 수를 먼저 구하는 계산

선행 문제 해결 전략

• 계산 순서에 따라 식 세우기

 가장 먼저 계산할 식을 알아봐.

> 감 **14**개와 사과 **2**개를
> → ① 가장 먼저 계산할 식
>
> 상자 **4**개에 똑같이 나누어 담을 때
> → ② 이어서 계산할 식
>
> 상자 한 개에 담는 과일은 몇 개인가요?

① (감과 사과 수의 합)
$$=14+2=16$$

② (상자 한 개에 담는 과일 수)
$$=16÷4=4(개)$$
→ 상자 수

선행 문제 ❷

초콜릿 32개가 있었는데 4개를 더 사 와서 9명에게 똑같이 나누어 주었다면 한 명이 몇 개씩 가지나요?

풀이

① 가장 먼저 계산할 식
→ (전체 초콜릿의 수)
$$=32+\boxed{}=\boxed{}(개)$$

② 이어서 계산할 식
→ (한 명이 가지는 초콜릿의 수)
$$=\boxed{}÷9=\boxed{}(개)$$

실행 문제 ❷

한 상자에 8자루씩 들어 있는 색연필이 3상자 있습니다. /
이 색연필을 6명에게 똑같이 나누어 주었다면 /
한 명이 몇 자루씩 가지나요?

전략 (한 상자에 들어 있는 색연필의 수)×(상자 수)

❶ (전체 색연필의 수)
$$=\boxed{}×3=\boxed{}(자루)$$

전략 (전체 색연필의 수)÷(사람 수)

❷ (한 명이 가지는 색연필의 수)
$$=\boxed{}÷6=\boxed{}(자루)$$

답 _____

쌍둥이 문제 ❷-1

탁구공이 한 상자에 6개씩 4줄로 놓여 있습니다. /
이 탁구공을 8팀에게 똑같이 나누어 주었다면 /
한 팀이 몇 개씩 가지나요?

실행 문제 따라 풀기

❶

❷

답 _____

{ 문제 **해결력** 기르기 }

③ 일정한 간격으로 놓인 물건의 수 구하기

선행 문제 해결 전략

예 깃발 수와 간격 수 사이의 관계 알아보기

깃발의 수를 하나씩 늘려 깃발 수와 간격 수 사이의 관계를 알아보자.

➡ 깃발: **2**, 간격: **1**

간격

➡ 깃발: **3**, 간격: **2**

간격   간격

➡ 깃발: **4**, 간격: **3**

간격   간격   간격

(깃발 수)=(간격 수)+1

물건의 수가 간격 수보다 1만큼 더 많은 거네.

선행 문제 ③

그림을 보고 빈칸에 알맞은 수를 써넣으세요.

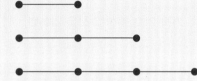

점의 수	2	3	4
점 사이의 간격 수	1		

풀이 점의 수는 점 사이의 간격 수보다 1만큼 더 (적다 , 많다).

실행 문제 ③

길이가 8 m인 막대기에/
2 m 간격으로 처음부터 끝까지 점을 찍어/
(점의 수)와 (점 사이의 간격 수) 사이의 관계식을 쓰세요.

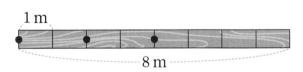

1 m

8 m

❶ 위 그림에 점 찍기

❷ 점의 수: ☐

점 사이의 간격 수: ☐

➡ 점의 수가 점 사이의 간격 수보다

☐만큼 더 많다.

식 (점의 수)=(점 사이의 간격 수)☐1

쌍둥이 문제 3-1

길이가 9 m인 막대기에/
3 m 간격으로 처음부터 끝까지 점을 찍어/
(점의 수)와 (점 사이의 간격 수) 사이의 관계식을 쓰세요.

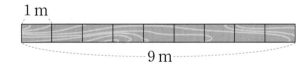

1 m

9 m

실행 문제 따라 풀기

❶

❷

식 _____

3

나눗셈

60

④ 수 카드로 수 만들기

선행 문제 해결 전략

예 수 `1`, `4`, `6` 중 두 수를 골라 한 번씩만 사용하여 두 자리 수 만들기

두 자리 수: ☐☐

십의 자리 숫자가 1인 두 자리 수:

`1` `4`, `1` `6`
남은 수를 한 번씩

십의 자리 숫자가 4인 두 자리 수:

`4` `1`, `4` `6`
남은 수를 한 번씩

십의 자리 숫자가 6인 두 자리 수:

`6` `1`, `6` `4`
남은 수를 한 번씩

선행 문제 ④

3장의 수 카드 중에서 2장을 골라 한 번씩만 사용하여 만들 수 있는 두 자리 수를 모두 쓰세요.

`5` `3` `6`

풀이

① 십의 자리 숫자가 5인 두 자리 수:

`5` `3`, ☐☐

② 십의 자리 숫자가 3인 두 자리 수:

`3` `5`, ☐☐

③ 십의 자리 숫자가 6인 두 자리 수:

`6` `5`, ☐☐

실행 문제 ④

수 카드 `1`, `2`, `3` 중에서/ 2장을 골라 한 번씩만 사용하여 두 자리 수를 만들었습니다./ 만든 수 중에서/ 4로 나누어지는 수를 모두 쓰세요.

전략 한 장씩 십의 자리에 놓고 나머지 수 카드를 한 번씩 일의 자리에 놓자.

❶ 만든 두 자리 수: ☐, ☐, ☐, ☐, ☐, ☐

전략 ❶의 수 중 4단 곱셈구구에 나오는 수를 찾자.

❷ 4로 나누어지는 수: ☐, ☐

답 _____

쌍둥이 문제 4-1

수 카드 `1`, `5`, `6` 중에서/ 2장을 골라 한 번씩만 사용하여 두 자리 수를 만들었습니다./ 만든 수 중에서/ 8로 나누어지는 수를 모두 쓰세요.

실행 문제 따라 풀기

❶

❷

답 _____

3
나눗셈

61

{ 수학 사고력 키우기 }

연계학습 058쪽

똑같이 나누기

대표 문제 1

스케치북 48권과 공책 54권을/
각각 6명에게 똑같이 나누어 주려고 합니다./
한 명이 가지게 되는 공책은 스케치북보다 몇 권 더 많은가요?

구하려는 것은?

한 명이 가지게 되는 공책 수와 스케치북 수의 (합 , 차)

주어진 것은?

• 스케치북 48권과 공책 [   ]권

• 각각 [   ]명에게 똑같이 나누어 줌.

해결해 볼까?

❶ 한 명이 가지게 되는 스케치북과 공책은 각각 몇 권?

전략 ▷ (전체 스케치북 수)÷(학생 수), (전체 공책 수)÷(학생 수)를 구하자.

답 스케치북: _____ , 공책: _____

❷ 한 명이 가지게 되는 공책은 스케치북보다 몇 권 더 많은가?

전략 ▷ ❶에서 구한 두 수의 차를 구하자.

답 _____

쌍둥이 문제 1-1

연필 28자루와 색연필 36자루를/
각각 4명에게 똑같이 나누어 주려고 합니다./
한 명이 가지게 되는 색연필은 연필보다 몇 자루 더 많은가요?

대표 문제 따라 풀기

❶

❷

답 _____

😊 나누어지는 수를 먼저 구하는 계산

연계학습 059쪽

대표 문제 2

한 판에 6개씩 들어 있는 달걀이 9판 있었는데/
이 중에서 5개가 깨졌습니다./
깨진 달걀을 뺀 나머지를 똑같이 나누어 7일 동안 먹으려고 합니다./
하루에 달걀을 몇 개씩 먹게 되나요?

😊 **구하려는 것은?**

하루에 먹는 달걀의 수

😊 **주어진 것은?**

• 한 판에 6개씩 들어 있는 달걀 9판 중 깨진 달걀은 ☐개

• 나누어 먹는 날수: ☐일

😊 **해결해 볼까?**

❶ 처음 있던 달걀은 몇 개?

전략 (한 판에 들어 있는 달걀 수)×(판 수)

답 _____

❷ 깨지지 않은 달걀은 몇 개?

전략 (❶에서 구한 달걀의 수)−(깨진 달걀의 수)

답 _____

❸ 7일 동안 똑같이 나누어 먹을 때 하루에 먹게 되는 달걀은 몇 개?

전략 (❷에서 구한 달걀의 수)÷(나누어 먹는 날수)

답 _____

3

나눗셈

63

쌍둥이 문제 2-1

스티로폼 상자에 딸기가 8개씩 4줄로 놓여 있었는데/
이 중에서 2개에 곰팡이가 피어 버렸습니다./
버리고 남은 딸기를 접시 5개에 똑같이 나누어 담으려고 합니다./
접시 한 개에 딸기를 몇 개씩 담아야 하나요?

😊 **대표 문제 따라 풀기**

❶

❷

❸

 답 _____

😊 **일정한 간격으로 놓인 물건의 수 구하기**

ⓒ 연계학습 060쪽

대표 문제 ③

길이가 40 m인 도로 한쪽에 /
5 m 간격으로 처음부터 끝까지 나무를 심으려고 합니다. /
몇 그루의 나무를 심게 되나요? (단, 나무의 두께는 생각하지 않습니다.)

5 m ...... 40 m

😊 **구하려는 것은?**

도로 (한쪽 , 양쪽)에 심을 나무의 수

🐻 **주어진 것은?**

길이가 ☐ m인 도로 한쪽에 ☐ m 간격으로 처음부터 끝까지 나무 심기

😊 **해결해 볼까?**

❶ 나무 사이의 간격은 몇 군데?

전략 ▷ 간격 수는 5 m가 40 m에 몇 번 있는지를 구하는 것이므로 40에서 5씩 빼 0을 만드는 나눗셈으로 구하자.

답 _____

❷ 심을 나무는 몇 그루?

전략 ▷ (심을 나무 수)=(나무 사이의 간격 수)+1

답 _____

쌍둥이 문제 3-1

길이가 42 m인 도로 한쪽에 /
7 m 간격으로 처음부터 끝까지 가로등을 세우려고 합니다. /
몇 개의 가로등을 세울 수 있나요? (단, 가로등의 두께는 생각하지 않습니다.)

7 m ...... 42 m

😊 **대표 문제 따라 풀기**

❶

❷

답 _____

😊 수 카드로 수 만들기

ⓒ 연계학습 061쪽

대표 문제 4

3장의 수 카드 중에서/ 2장을 골라 한 번씩만 사용하여 두 자리 수를 만들었습니다./
만든 수 중에서/
9로 나누어지는 수를 모두 쓰세요.

😊 **구하려는 것은?**

수 카드로 만든 두 자리 수 중 ☐로 나누어지는 수

😊 **어떻게 풀까?**

⬛ 만든 두 자리 수를 모두 쓰고,
⬛ 만든 수 중 9단 곱셈구구에 나오는 수를 찾자.

😊 **해결해 볼까?**

❶ 만든 두 자리 수는?

전략⟩ 한 장씩 십의 자리에 놓고 나머지 수 카드를 한 번씩 일의 자리에 놓자.

답

❷ 9로 나누어지는 수를 모두 쓰면?

전략⟩ ❶의 수 중 9단 곱셈구구에 나오는 수를 찾자.   답

쌍둥이 문제 4-1

3장의 수 카드 중에서/ 2장을 골라 한 번씩만 사용하여 두 자리 수를 만들었습니다./
만든 수 중에서/
5로 나누어지는 수를 모두 쓰세요.

😊 **대표 문제 따라 풀기**

❶

❷

답 _____

{ 수학 독해력 완성하기 }

☺ **나누어지는 수를 먼저 구하는 계산**

ⓒ 연계학습 063쪽

독해 문제 1

포도가 한 상자에 8송이씩 7상자가 있었는데/
7송이를 더 사 왔습니다./
이 포도를 9가구가 똑같이 나누어 가지려고 합니다./
한 가구가 가져가는 포도는 몇 송이인가요?

☺ 해결해 볼까? ❶ 처음 있던 포도는 몇 송이?

답 _____

❷ 더 사 온 후 전체 포도는 몇 송이?

답 _____

❸ 한 가구가 가져가는 포도는 몇 송이?

답 _____

☺ **만들 수 있는 정사각형의 수 구하기**

독해 문제 2

가로가 12 cm이고 세로가 20 cm인/ 직사각형 모양의 도화지를 잘라/
한 변의 길이가 4 cm인 정사각형을 만들려고 합니다./
정사각형을 몇 개까지 만들 수 있나요?

☺ 해결해 볼까? ❶ 가로 한 줄에 만들 수 있는 정사각형은 몇 개?

답 _____

❷ 세로 한 줄에 만들 수 있는 정사각형은 몇 개?

답 _____

❸ 만들 수 있는 정사각형은 몇 개?

전략〉(가로 한 줄에 만들 수 있는 정사각형의 수)
×(세로 한 줄에 만들 수 있는 정사각형의 수)

답 _____

바르게 계산한 몫 구하기

독해 문제 3

어떤 수를 3으로 나누어야 할 것을 /
잘못하여 6으로 나누었더니 몫이 2가 되었습니다. /
바르게 계산하면 몫은 얼마인가요?

해결해 볼까?

❶ 어떤 수를 □라 하고 잘못 계산한 식을 쓰면?

식

❷ 어떤 수는 얼마?

전략〉 ❶의 식에서 곱셈식을 이용하여 □를 구하자.   답

❸ 바르게 계산한 몫은?

전략〉 어떤 수를 3으로 나누자.   답

조건에 맞는 수 구하기

독해 문제 4

3□는 두 자리 수이고 4로 나누어집니다. /
다음 나눗셈식의 몫이 가장 크게 될 때 / □ 안에 알맞은 수를 구하세요.

$$3\boxed{} \div 4$$

해결해 볼까?

❶ 3□는 몇 단 곱셈구구의 곱?

전략〉 3□는 4로 나누어진다.   답

❷ □ 안에 알맞은 수를 모두 쓰면?

전략〉 ❶에서 구한 곱셈구구의 곱 중 십의 자리 숫자가 3일 때를 구하자.

답

❸ 나눗셈의 몫이 가장 크게 될 때 □ 안에 알맞은 수는?

답

3

나눗셈

67

{ 수학 독해력 완성하기 }

😊 **일정한 간격으로 놓인 물건의 수 구하기**

🔵 연계학습 064쪽

독해 문제 5

길이가 35 m인 가로수길 양쪽에/
7 m 간격으로 처음부터 끝까지 의자를 놓으려고 합니다./
의자는 몇 개 놓을 수 있나요? (단, 의자의 길이는 생각하지 않습니다.)

😊 **구하려는 것은?** 가로수길 (한쪽 , 양쪽)에 놓을 의자의 수

🐻 **주어진 것은?** 길이가 ☐ m인 가로수길 양쪽에 ☐ m 간격으로 처음부터 끝까지 의자 놓기

😊 **어떻게 풀까?** ❶ 나눗셈을 이용해 가로수길 한쪽에 놓을 의자 사이의 간격 수를 구한 후,
❷ 가로수길 한쪽에 놓을 의자 수를 구하고, 2배하여 양쪽에 놓을 의자 수를 구하자.

😊 **해결해 볼까?** ··

❶ 가로수길 한쪽에 놓을 의자 사이의 간격은 몇 군데?

[전략] 간격 수는 7 m가 35 m에 몇 번 있는지를 구하는 것이므로 35에서 7씩 빼 0을 만드는 나눗셈으로 구하자.

답 _____

❷ 가로수길 한쪽에 놓을 의자는 몇 개?

[전략] (의자 수)=(의자 사이의 간격 수)+1

답 _____

❸ 가로수길 양쪽에 놓을 의자는 몇 개?

답 _____

🙂 물건을 자르는 데 걸린 시간 구하기

독해 문제 6

굵기가 일정한 통나무를 쉬지 않고 4도막으로 자르는 데 /
모두 18분이 걸렸습니다. /
통나무를 한 번 자르는 데 걸린 시간은 몇 분일까요?
(단, 한 번 자르는 데 걸리는 시간은 일정합니다.)

😃 **구하려는 것은?** 통나무를 한 번 자르는 데 걸린 시간

😗 **주어진 것은?** 통나무를 쉬지 않고 4도막으로 자르는 데 걸린 시간 : ☐ 분

😄 **어떻게 풀까?**
1 통나무를 자른 횟수와 도막 수 사이의 관계를 알아보고,
2 4도막이 될 때 자른 횟수를 구해
3 (총 걸린 시간)을 (자른 횟수)로 나누어 통나무를 한 번 자르는 데 걸린 시간을 구하자.

😊 **해결해 볼까?**

❶ 표를 완성하기

통나무를 자른 횟수(번)	1	2	3	4
도막 수(도막)	2			

❷ 통나무가 4도막이 될 때 자른 횟수는 몇 번?

답 _____

❸ 통나무를 한 번 자르는 데 걸린 시간은 몇 분?

[전략] (전체 걸린 시간)÷(자른 횟수)

답 _____

{ 창의·융합·코딩 체험하기 }

[융합①~②] 계산기는 나눗셈을 뺄셈으로 계산합니다./
예를 들어, 계산기에 10÷2를 입력하면/
10에서 0이 나올 때까지 2를 뺀 횟수가 계산기 결과가 됩니다.

계산기 입력 : 10 ÷ 2

계산 방법 : 10 − 2 − 2 − 2 − 2 − 2 =0
               └─────── 5번 ───────┘
계산기 결과 : 5 ◄

융합 ① 6÷2를 계산기가 계산하는 방법으로 계산하려고 합니다. ◻ 안에 알맞은 수를 써넣으세요.

계산기 입력 : 6 ÷ 2

계산 방법 : 6 − ☐ − ☐ − ☐ =0

계산기 결과 : ☐

융합 ② 35÷7을 계산기가 계산하는 방법으로 계산하려고 합니다. ◻ 안에 알맞은 수를 써넣으세요.

계산기 입력 : 35 ÷ 7

계산 방법 : 35 − ☐ − ☐ − ☐ − ☐ − ☐ =0

계산기 결과 : ☐

계산기는 나눗셈을 할 때 뺄셈을 이용해 '몇 번 빼면 0이 되는가?'를 생각해.
만약 계산기에서 0으로 나눈다면 끝없이 0을 빼야겠지?
그런데 0을 빼면 수가 줄지 않으니 답을 구할 수 없어.

창의 **3** 1 m 길이의 끈을 잘라/ 64 cm는 선물 포장하는 데 사용했습니다./
남은 끈으로 가장 큰 정사각형을 만들려면/
한 변의 길이를 몇 cm로 해야 하나요?

선물 포장   정사각형 만들기

정사각형은 네 변의 길이가
모두 같다는 걸 기억하고 있지?

답 _____

창의 **4** ○○ 보드게임에 사용되는 돈의 종류는 4가지이며 장수는 다음과 같습니다./
4명이 돈의 종류마다 똑같은 수만큼 나누어 가진 후 시작하려면/
각각 몇 장씩 나눠 가져야 하나요?

▲16장

▲20장

▲32장

▲36장

답

1000원	500원	100원	50원
장	장	장	장

나눗셈

71

{ 창의·융합·코딩 체험하기 }

[코딩 5 ~ 6] 화면에 나오는 동물의 수를/ [조건]에 맞게 8로 나누어 답해야 하는 프로그램입니다./
화면에 맞게 답을 구하세요.

[조건]
1. 말의 수보다 토끼의 수가 더 많으면 토끼의 수를 8로 나눕니다.
2. 말의 수보다 토끼의 수가 더 적으면 토끼의 수와 말의 수의 합을 8로 나눕니다.

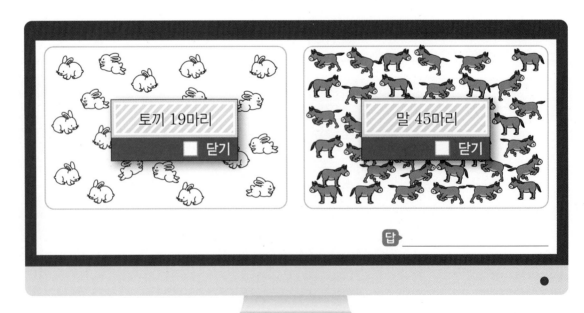

코딩 **7** 다음 3개의 마법통은 수를 넣으면/ 같은 규칙에 의해 수가 변해 나옵니다./
25를 마법통에 넣으면/ 어떤 수가 나오나요?

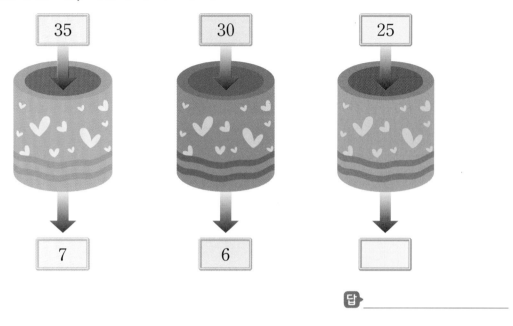

답 _____

창의 **8** 한 시간마다 다음과 같은 규칙으로 돌아/
4시간이 지나면 제자리로 돌아오는 작품입니다./
오늘 오전 6시부터 오전 10시까지의 모양을 보고/
내일 오전 6시의 모양을 그리세요.

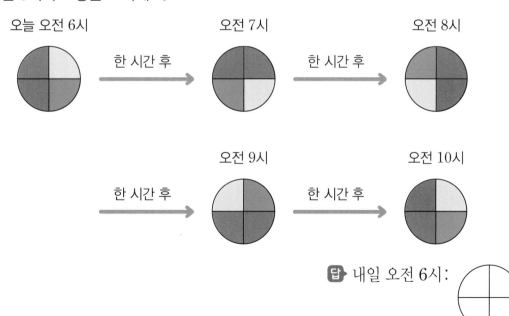

답 내일 오전 6시:

3

나눗셈

73

나누어지는 수를 먼저 구하는 계산 〔059쪽

1 어머니께서 고구마를 27개 사 오셨습니다. 이 중 3개를 먹고 나머지는 봉지 4개에 똑같이 나누어 담았습니다. 봉지 한 개에 고구마를 몇 개씩 담았나요?

풀이

답 _____

나누어지는 수를 먼저 구하는 계산 〔059쪽

2 한 상자에 9개씩 들어 있는 사탕이 2상자 있습니다. 이 사탕을 6명에게 똑같이 나누어 주었다면 한 명이 몇 개씩 받았나요?

풀이

답 _____

똑같이 나누기 〔062쪽

3 귤 21개와 딸기 27개를 각각 바구니 3개에 똑같이 나누어 담으려고 합니다. 바구니 한 개에 담는 딸기는 귤보다 몇 개 더 많은가요?

풀이

답 _____

자르는 횟수 구하기

4 길이가 48 cm인 나무 막대를 8 cm씩 자르려고 합니다. 몇 번 잘라야 하나요?

 풀이

답 _____

만든 정사각형의 한 변의 길이 구하기

5 길이가 28 cm인 철사를 남김없이 사용하여 크기가 같은 정사각형 7개를 만들었습니다. 만든 정사각형의 한 변의 길이는 몇 cm인가요?

 풀이

답 _____

나누어지는 수를 먼저 구하는 계산 〔063쪽

6 한 봉지에 9개씩 들어 있는 조개가 3봉지 있었는데 이 중에서 2개가 깨져 있어서 버렸습니다. 남은 조개를 삶아 5명이 똑같이 나누어 먹으려고 합니다. 한 명이 조개를 몇 개씩 먹게 되나요?

 풀이

답 _____

3

나눗셈

75

일정한 간격으로 놓인 물건의 수 구하기 ⌒064쪽

7 길이가 81 m인 도로 한쪽에 9 m 간격으로 처음부터 끝까지 쓰레기통을 놓으려고 합니다. 몇 개의 쓰레기통을 놓게 되나요? (단, 쓰레기통의 크기는 생각하지 않습니다.)

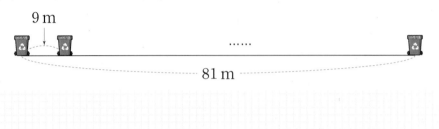

> 풀이

> 답 _____

수 카드로 수 만들기 ⌒065쪽

8 3장의 수 카드 중에서 2장을 골라 한 번씩만 사용하여 두 자리 수를 만들었습니다. 만든 수 중에서 6으로 나누어지는 수를 모두 쓰세요.

> 풀이

> 답 _____

바르게 계산한 몫 구하기 067쪽

9 어떤 수를 6으로 나누어야 할 것을 잘못하여 2로 나누었더니 몫이 9가 되었습니다. 바르게 계산하면 몫은 얼마인가요?

> 풀이

> 답 _____

물건을 자르는 데 걸린 시간 구하기 069쪽

10 굵기가 일정한 철근을 쉬지 않고 5도막으로 자르는 데 모두 20분이 걸렸습니다. 철근을 한 번 자르는 데 걸린 시간은 몇 분일까요? (단, 한 번 자르는 데 걸리는 시간은 일정합니다.)

> 풀이

> 답 _____

 5도막이 되려면 철근을 몇 번 잘라야 할까?

철근을 자른 횟수와 도막 수 사이의 관계를 생각해 봐.

4 곱셈

FUN 한 이야기

사탕이 50개 있어요. /

한 통에 30개씩 들어 있는 사탕을 3통 더 사 왔다면 /

사탕은 모두 몇 개인가요?

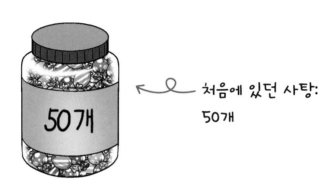

처음에 있던 사탕:
50개

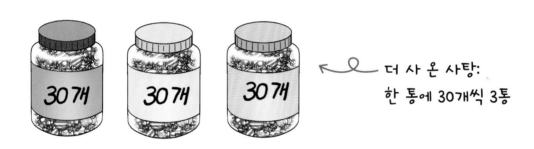

더 사 온 사탕:
한 통에 30개씩 3통

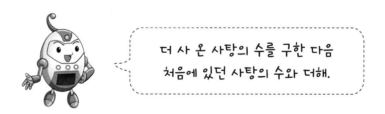

더 사 온 사탕의 수를 구한 다음
처음에 있던 사탕의 수와 더해.

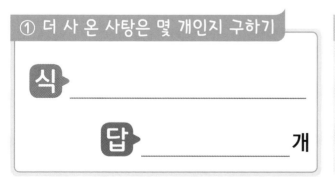

① 더 사 온 사탕은 몇 개인지 구하기

식 _____

답 _____ 개

② 사탕은 모두 몇 개인지 구하기

식 _____

답 _____ 개

{ 문제 해결력 기르기 }

① 곱셈식 계산하기

선행 문제 해결 전략

• 곱셈식을 세우는 경우 알아보기

한 묶음에 □개씩 △묶음
한 상자에 □개씩 △상자
□의 △배

↓

□ × △

 곱셈식을 세워야 하는 표현을 알아보고 식을 세워 계산해 봐.

선행 문제 ①

모두 몇 개인지 구해 보세요.

(1) 한 묶음에 20개씩 3묶음

풀이 20 ◯ 3 = ☐ (개)

(2) 한 상자에 22개씩 4상자

풀이 22 ◯ 4 = ☐ (개)

(3) 30개의 2배

풀이 30 ◯ 2 = ☐ (개)

실행 문제 ①

당근이 한 상자에 13개씩 3상자 있습니다./
당근은 모두 몇 개인가요?

전략 '13개씩 3상자'에 대해 어떤 식을 세울지 정하자.

❶ 당근이 모두 몇 개인지 구하려면
(곱셈식 , 나눗셈식)을 세운다.

전략 (한 상자에 들어 있는 당근의 수)×(상자 수)

❷ (당근의 수)=13 ◯ 3
= ☐ (개)

답 _____

쌍둥이 문제 1-1

줄넘기를 유진이는 23번 했고,/
선우는 유진이의 2배만큼 했습니다./
선우는 줄넘기를 몇 번 했나요?

실행 문제 따라 풀기

❶

❷

답 _____

② 곱의 크기 비교하기

선행 문제 해결 전략

예 어느 것이 더 많은지 구하기

> 농구공이 한 상자에 15개씩 3상자 있고, 축구공이 48개 있습니다. 어느 것이 더 많은가요?

어느 것이 더 많은지 알아보려면

먼저 전체 농구공의 수를 구해야 해.

선행 문제 ❷

더 큰 것의 기호를 써 보세요.

(1)
　　㉠ 20 × 2　　㉡ 50

풀이 ㉠ 20 × 2 = ☐ , ㉡ 50

➡ 더 큰 것은 ☐ 이다.

(2)
　　㉠ 40 × 3　　㉡ 100

풀이 ㉠ 40 × 3 = ☐ , ㉡ 100

➡ 더 큰 것은 ☐ 이다.

4

곱셈

실행 문제 ❷

사탕이 한 봉지에 20개씩 4봉지 있고,/
초콜릿이 70개 있습니다./
사탕과 초콜릿 중 어느 것이 더 많은가요?

전략 (한 봉지에 있는 사탕의 수)×(봉지 수)

❶ (사탕의 수) = 20 ◯ 4
　　　　　　= ☐ (개)

전략 ❶에서 구한 사탕의 수와 초콜릿의 수를 비교해 보자.

❷ ☐ 개 ◯ 70개이므로 (사탕 , 초콜릿)
이 더 많다.

쌍둥이 문제 2-1

빨간색 공은 한 상자에 32개씩 4상자 있고,/
파란색 공은 130개 있습니다./
빨간색 공과 파란색 공 중 어느 것이 더 많은가요?

실행 문제 따라 풀기

❶

❷

답 ＿＿＿＿＿＿＿

답 ＿＿＿＿＿＿＿

81

{ 문제 해결력 기르기 }

③ 덧셈(뺄셈)을 한 후 곱셈하기

선행 문제 해결 전략

예 복잡한 문제에서 먼저 구해야 할 것 찾기

> ┌ 주머니 1개에 노란색 공이 7개, 파란색
> └ 공이 5개씩 들어 있습니다.
>
> 주머니 4개에 들어 있는 공은 모두 몇 개인가요?

┈┈ **주머니 4개에 들어 있는 공의 수**를 구하기 위해서는

┈┈ 먼저 **주머니 1개에 들어 있는 공의 수**를 구해.

선행 문제 ③

먼저 구해야 할 것을 알아보고 그 수를 구해 보세요.

> 상자 1개에 빨간 색연필이 20자루, 분홍 색연필이 10자루 들어 있습니다. 상자 3개에 들어 있는 색연필은 모두 몇 자루인가요?

풀이

먼저 구해야 할 것

➡ (상자 1개에 들어 있는 색연필의 수)

$= 20 + \boxed{} = \boxed{}$ (자루)

실행 문제 ③

꽃병 1개에 장미가 10송이, 튤립이 9송이씩 꽂혀 있습니다./
꽃병 4개에 꽂혀 있는 꽃은 모두 몇 송이인가요?

전략 꽃병 1개에 꽂혀 있는 (장미의 수)+(튤립의 수)

❶ 먼저 구해야 할 것

➡ (꽃병 $\boxed{}$ 개에 꽂혀 있는 꽃의 수)

$= 10 + \boxed{} = \boxed{}$ (송이)

전략 (꽃병 1개에 꽂혀 있는 꽃의 수)×(꽃병의 수)

❷ (꽃병 4개에 꽂혀 있는 꽃의 수)

$= \boxed{} \times 4$

$= \boxed{}$ (송이)

답 _____

쌍둥이 문제 3-1

미주네 반에는 여학생이 15명, 남학생이 18명 있습니다./
미주네 반 학생들에게 공책을 5권씩 주려면 공책은 몇 권이 필요한가요?

실행 문제 따라 풀기

❶

❷

답 _____

④ 어떤 수를 구하여 곱셈하기

선행 문제 해결 전략

· 어떤 수 구하기

 어떤 수를 □라 하여 식을 세우고 □의 값을 구해 봐.

예 어떤 수에 4를 더했더니 25가 되었습니다.
　　 □　　　　 +4　　　　 =25

$$\Box + 4 = 25$$

덧셈과 뺄셈의 관계를 이용한다.

$$\Rightarrow \Box = 25 - 4 = 21$$

예 어떤 수에서 6을 뺐더니 10이 되었습니다.
　　 □　　　　 -6　　　　 =10

$$\Box - 6 = 10$$

$$\Rightarrow \Box = 10 + 6 = 16$$

선행 문제 ④

어떤 수를 □라 하여 식을 세워 보고 □의 값을 구해 보세요.

(1) 어떤 수에 4를 더했더니 16이 되었습니다.

풀이 ▶ □+☐=☐

➡ □=16-☐=☐

(2) 어떤 수에서 2를 뺐더니 14가 되었습니다.

풀이 ▶ □-☐=☐

➡ □=14+☐=☐

실행 문제 ④

어떤 수에 5를 더했더니 17이 되었습니다./
어떤 수와 5의 곱을 구해 보세요.

❶ 어떤 수를 □라 하여 덧셈식 세우기:

□+☐=☐

전략 ▶ ❶의 식에서 덧셈과 뺄셈의 관계를 이용하여 □의 값을 구하자.

❷ □=17-☐

=☐

❸ 어떤 수와 5의 곱: ☐×5=☐

답 _____

쌍둥이 문제 4-1

어떤 수에서 9를 뺐더니 30이 되었습니다./
어떤 수와 4의 곱을 구해 보세요.

실행 문제 따라 풀기 ▶

❶

❷

❸

답 _____

곱셈

{ 문제 해결력 기르기 }

⑤ 곱셈식 완성하기

• □ 안에 알맞은 수 구하기

$$\begin{array}{r} 1\ \square \\ \times\quad\ 8 \\ \hline 1\ 5\ 2 \end{array}$$

① □가 될 수 있는 수 예상하기

□×8의 일의 자리가 **2**이므로
곱의 일의 자리가 **2**가 되는 □를 찾는다.

➔ **4**×**8**=**32**이므로 □=**4**
  9×**8**=**72**이므로 □=**9**

② □에 수를 넣어 계산이 맞는지 확인하기

$$\begin{array}{r} 1\ 4 \\ \times\quad 8 \\ \hline 1\ 1\ 2 \end{array}(\times) \qquad \begin{array}{r} 1\ 9 \\ \times\quad 8 \\ \hline 1\ 5\ 2 \end{array}(\bigcirc) \ \Rightarrow\ \square=9$$

선행 문제 ⑤

곱의 일의 자리 수를 보고 □가 될 수 있는 수를
구해 보세요.

(1)
$$9 \times \square = \bigstar 5$$

풀이 ▶ 곱의 일의 자리가 5가 되는 경우:

$$9 \times \boxed{} = 45 \text{이므로} \square = \boxed{}$$

(2)
$$6 \times \square = \blacktriangle 4$$

풀이 ▶ 곱의 일의 자리가 4가 되는 경우:

$$6 \times \boxed{} = 24 \text{이므로} \square = \boxed{}$$

$$6 \times \boxed{} = 54 \text{이므로} \square = \boxed{}$$

실행 문제 ⑤

□ 안에 알맞은 수를 구해
보세요.

$$\begin{array}{r} 4\ 2 \\ \times\quad \square \\ \hline 2\ 9\ 4 \end{array}$$

전략 ▶ 2×□의 일의 자리가 4가 되는 경우를 찾자.

❶ 곱의 일의 자리 수를 보고 □ 예상하기:

$$2 \times \boxed{} = 4 \text{이므로} \square = \boxed{}$$

$$2 \times \boxed{} = \boxed{} \text{이므로} \square = \boxed{}$$

전략 ▶ ❶에서 찾은 수를 넣어 곱해 보자.

❷
$$\begin{array}{r} 4\ 2 \\ \times\quad \square \\ \hline 8\ 4 \end{array}(\times) \qquad \begin{array}{r} 4\ 2 \\ \times\quad \square \\ \hline 2\ 9\ 4 \end{array}(\bigcirc)$$

쌍둥이 문제 5-1

□ 안에 알맞은 수를 구해
보세요.

$$\begin{array}{r} 2\ 6 \\ \times\quad \square \\ \hline 2\ 0\ 8 \end{array}$$

실행 문제 따라 풀기 ▶

❶

❷

답 _____

답 _____

6 **수 카드로 수를 만들어 곱 구하기**

해결 전략

• 수 카드를 한 번씩 사용하여 (몇십몇)×(몇)의 곱셈식 만들기

 예 곱이 가장 큰 ㉠ ㉡ × ㉢ 만들기

㉢은 ㉠과 ㉡에 모두 곱하므로 ㉢이 가장 크면 결과도 가장 커.

① 가장 큰 수를 ㉢에 놓는다.

㉠ ㉡ × 4

② 나머지 수로 **가장 큰** ㉠ ㉡ 을 만든다.

3 2 × 4 = 128

예 곱이 가장 작은 ㉠ ㉡ × ㉢ 만들기

㉢은 ㉠과 ㉡에 모두 곱하므로 ㉢이 가장 작으면 결과도 가장 작아.

① 가장 작은 수를 ㉢에 놓는다.

㉠ ㉡ × 2

② 나머지 수로 **가장 작은** ㉠ ㉡ 을 만든다.

3 4 × 2 = 68

실행 문제 **6**

수 카드를 한 번씩 사용하여/
곱이 가장 큰 (몇십몇)×(몇)의 곱셈식을 만들어 계산해 보세요.

전략 ▷ 큰 수부터 차례로 써 보자.

❶ 수 카드의 수의 크기 비교하기 :

❷ 곱이 가장 큰 곱셈식 :

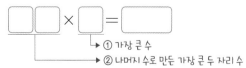

→ ① 가장 큰 수
→ ② 나머지 수로 만든 가장 큰 두 자리 수

답 _____

쌍둥이 문제 **6-1**

수 카드를 한 번씩 사용하여/
곱이 가장 작은 (몇십몇)×(몇)의 곱셈식을 만들어 계산해 보세요.

실행 문제 **따라 풀기** ▷

❶

❷

답 _____

수학 사고력 키우기

곱셈식 계산하기

연계학습 080쪽

대표 문제 1

떡이 한 줄에 15개씩 4줄 있었습니다. / 그중에서 5개를 먹었다면/ 남은 떡은 몇 개인가요?

구하려는 것은?

먹고 남은 떡의 수

주어진 것은?

• 처음에 있던 떡: 한 줄에 15개씩 ☐줄

• 먹은 떡: ☐개

해결해 볼까?

❶ 처음에 있던 떡은 몇 개?

전략 ▷ (한 줄에 있던 떡의 수)×(줄 수)

답 _____

❷ 남은 떡은 몇 개?

전략 ▷ (처음에 있던 떡의 수)−(먹은 떡의 수)

답 _____

쌍둥이 문제 1-1

풍선이 한 묶음에 35개씩 3묶음 있었습니다. / 풍선 14개를 더 사 왔다면/ 풍선은 모두 몇 개인가요?

대표 문제 따라 풀기

❶

❷

답 _____

😊 곱의 크기 비교하기

ⓒ 연계학습 081쪽

대표 문제 ②

사과는 한 상자에 16개씩 6상자 있고, /
귤은 한 상자에 20개씩 5상자 있습니다. /
사과와 귤 중에서 어느 것이 더 많은가요?

😊 **구하려는 것은?**

사과와 귤 중에서 더 많은 것

🐻 **주어진 것은?**

• 사과: 한 상자에 16개씩 ☐상자

• 귤: 한 상자에 20개씩 ☐상자

😊 **해결해 볼까?**

❶ 사과는 몇 개?

전략 ▷ (한 상자에 들어 있는 사과의 수)×(상자 수)

답 _____

❷ 귤은 몇 개?

전략 ▷ (한 상자에 들어 있는 귤의 수)×(상자 수)

답 _____

❸ 사과와 귤 중에서 더 많은 것은?

전략 ▷ ❶과 ❷에서 구한 두 수의 크기를 비교하자.

답 _____

4

곱셈

87

쌍둥이 문제
2-1

보름 초등학교에 3학년은 한 반에 24명씩 5개 반이 있고, /
4학년은 한 반에 27명씩 4개 반이 있습니다. /
3학년과 4학년 중에서 학생 수가 더 적은 학년은 몇 학년인가요?

😊 **대표 문제 따라 풀기**

❶

❷

❸

답 _____

😊 **덧셈(뺄셈)을 한 후 곱셈하기**

⊙ 연계학습 082쪽

대표 문제 ③

한 상자에 딸기우유와 초코우유가 들어 있습니다.
딸기우유는 30개 들어 있고,
초코우유는 딸기우유보다 7개 더 적게 들어 있습니다. /
8상자에 들어 있는 초코우유는 몇 개인가요?

🐻 **구하려는 것은?** 8상자에 들어 있는 초코우유의 수

🐻 **주어진 것은?**
• 한 상자에 들어 있는 딸기우유의 수: ☐ 개
• 한 상자에 들어 있는 초코우유의 수: (딸기우유의 수) − ☐ 개

😊 **해결해 볼까?**

❶ 한 상자에 들어 있는 초코우유는 몇 개?

답 _____

❷ 8상자에 들어 있는 초코우유는 몇 개?

답 _____

쌍둥이 문제 3-1

한 상자에 단팥빵과 크림빵이 모두 40개 들어 있습니다.
단팥빵이 11개이고, 나머지는 크림빵입니다. /
7상자에 들어 있는 크림빵은 모두 몇 개인가요?

😊 **대표 문제 따라 풀기**

❶

❷

답 _____

어떤 수를 구하여 곱셈하기

연계학습 083쪽

대표 문제 4

15와 어떤 수를 곱해야 할 것을/
잘못하여 5와 어떤 수를 곱했더니 40이 되었습니다./
바르게 계산한 값을 구해 보세요.

구하려는 것은?

바르게 계산한 값

어떻게 풀까?

1 어떤 수를 □라 하여 잘못 계산한 식을 세우고,
2 곱셈과 나눗셈의 관계를 이용하여 1의 식에서 □의 값을 구한 다음
3 바르게 계산한 값을 구하자.

해결해 볼까?

❶ 어떤 수를 □라 하여 잘못 계산한 식을 세우면?

 식

❷ □의 값은?

전략 ▶ ■ × ▲ = ● → ▲ = ● ÷ ■

답 _____

❸ 바르게 계산한 값은?

전략 ▶ 15 × □를 구하자.

답

4 곱셈

쌍둥이 문제 4-1

33과 어떤 수를 곱해야 할 것을/
잘못하여 3과 어떤 수를 곱했더니 27이 되었습니다./
바르게 계산한 값을 구해 보세요.

 **대표 문제 따라 풀기**

❶

❷

❸

답 _____

{ 수학 사고력 키우기 }

☺ 곱셈식 완성하기

ⓒ 연계학습 084쪽

대표 문제 5 ㉠에 알맞은 수를 구해 보세요.

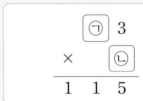

☺ **구하려는 것은?**

㉠에 알맞은 수

☺ **어떻게 풀까?**

1 곱의 일의 자리 수를 보고 ㉡을 구하고,

2 올림한 수를 생각하여 ㉠×㉡이 될 수 있는 수를 찾아 ㉠에 알맞은 수를 구하자.

☺ **해결해 볼까?**

❶ ㉡에 알맞은 수는?

> 전략 ▷ 일의 자리의 계산 3×㉡에서 일의 자리가 5가 되는 경우를 찾아보자.

답 _____

❷ ㉠×㉡의 값은?

> 전략 ▷ 일의 자리의 계산에서 올림한 수를 빼 보자.

답 _____

❸ ㉠에 알맞은 수는?

> 전략 ▷ ㉠×(❶에서 구한 값)=(❷에서 구한 값)

답 _____

4

곱셈

쌍둥이 문제

5-1

㉠에 알맞은 수를 구해 보세요.

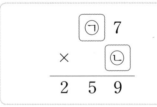

☺ **대표 문제 따라 풀기**

❶

❷

❸

답 _____

😊 수 카드로 수를 만들어 곱 구하기

🔵 연계학습 085쪽

대표 문제 6

수 카드 중에서 3장을 골라 한 번씩만 사용하여/
곱이 가장 큰 (몇십몇)×(몇)을 만들고 계산해 보세요.

    →

😊 구하려는 것은?

곱이 가장 큰 (몇십몇)×(몇)

😊 어떻게 풀까?

1 수의 크기를 비교하고

2 가장 큰 수가 들어갈 자리를 찾아 곱셈식을 만들고 계산해 보자.

😊 해결해 볼까?

❶ 수 카드의 수의 크기를 비교해 보면?

❷ ㉠, ㉡, ㉢ 중에서 가장 큰 수를 놓아야 하는 곳은?

전략 곱이 가장 크려면 가장 큰 수를 어느 자리에
놓아야 하는지 생각해 보자.

답 _____

❸ 곱이 가장 큰 곱셈식을 만들고 계산해 보면?

식 _____

답 _____

쌍둥이 문제 6-1

수 카드 중에서 3장을 골라 한 번씩만 사용하여/
곱이 가장 작은 (몇십몇)×(몇)을 만들어 계산해 보세요.

    →

❶

❷

❸

답 _____

4

곱셈

{ 수학 독해력 완성하기 }

곱셈식 계산하기

🄒 연계학습 080쪽

독해 문제
1

은서가 가지고 있는 붙임딱지는 몇 장인가요?

> 나는 붙임딱지를
> 12장 가지고 있어.

> 나는 윤우가 가지고 있는
> 붙임딱지 수의 2배만큼 가지고 있어.

> 나는 민재가 가지고 있는
> 붙임딱지 수의 3배만큼 가지고 있어.

윤우

민재

은서

😀 **구하려는 것은?** 은서가 가지고 있는 붙임딱지 수

🐻 **주어진 것은?**
- 윤우가 가지고 있는 붙임딱지 수: ☐ 장
- 민재가 가지고 있는 붙임딱지 수: 윤우의 ☐ 배
- 은서가 가지고 있는 붙임딱지 수: 민재의 ☐ 배

😃 **어떻게 풀까?**
1 민재가 가지고 있는 붙임딱지 수를 구하고,
2 은서가 가지고 있는 붙임딱지 수를 구하자.

윤우가 가지고 있는 붙임딱지 수	민재가 가지고 있는 붙임딱지 수	은서가 가지고 있는 붙임딱지 수

2배   3배

🐻 **해결해 볼까?**

❶ 민재가 가지고 있는 붙임딱지는 몇 장?

답 _____

❷ 은서가 가지고 있는 붙임딱지는 몇 장?

답 _____

어떤 수를 구하여 곱셈하기

연계학습 089쪽

독해 문제 2

책꽂이 한 칸에 위인전을 7권씩 꽂았더니 꽂은 위인전이 모두 63권이었습니다. /
위인전을 꽂은 칸마다 동화책도 13권씩 꽂는다면 /
꽂을 수 있는 동화책은 모두 몇 권인가요?

구하려는 것은? 꽂을 수 있는 동화책 수

주어진 것은?
• 위인전: 한 칸에 ☐ 권씩 모두 ☐ 권
• 동화책: 한 칸에 ☐ 권씩

어떻게 풀까?
1 한 칸에 꽂은 위인전 수와 전체 꽂은 위인전 수를 이용해 위인전을 꽂은 책꽂이 칸 수를 구하고,
2 꽂을 수 있는 동화책 수를 구하자.

해결해 볼까?

❶ 위인전을 꽂은 책꽂이 칸 수를 ☐라 하여 전체 꽂은 위인전 수를 구하는 곱셈식을 세워 보면?

[전략] (책꽂이 한 칸에 꽂은 위인전 수)×(위인전을 꽂은 책꽂이 칸 수)=(전체 꽂은 위인전 수)

식 _____

❷ 위인전을 꽂은 책꽂이는 몇 칸?

[전략] 곱셈과 나눗셈의 관계를 이용하여 ❶의 ☐의 값을 구하자.

답 _____

❸ 꽂을 수 있는 동화책은 모두 몇 권?

[전략] (책꽂이 한 칸에 꽂는 동화책 수)×(위인전을 꽂은 책꽂이 칸 수)

답 _____

4

곱셈

93

{ 수학 독해력 완성하기 }

😊 ☐ 안에 들어갈 수 있는 수 구하기

0부터 9까지의 수 중에서 ☐ 안에 들어갈 수 있는 수는 모두 몇 개인가요?

$$41 \times \boxed{} < 19 \times 6$$

구하려는 것은? ☐ 안에 들어갈 수 있는 수의 개수

주어진 것은?
• 왼쪽에 주어진 식: $41 \times \boxed{}$
• 오른쪽에 주어진 식: 19×6

어떻게 풀까?
① 19×6을 계산하고,
② 0부터 차례로 ☐ 안에 넣어 주어진 식을 만족하는 수를 모두 찾아보고
③ ☐ 안에 들어갈 수 있는 수는 모두 몇 개인지 구하자.

해결해 볼까?

❶ 19×6을 계산해 보면?

〔전략〕 오른쪽에 주어진 식을 먼저 계산해 보자.   답 _____

❷ ☐ 안에 들어갈 수 있는 수를 모두 구하면?

〔전략〕 주어진 식의 ☐ 안에 0부터 차례로 넣어
식을 만족하는 수를 모두 구하자.   답 _____

❸ ☐ 안에 들어갈 수 있는 수는 모두 몇 개?

답 _____

☺ **색 테이프의 길이 구하기**

독해 문제
4

길이가 29 cm인 색 테이프 4장을 한 줄로 이어 붙였습니다. /
색 테이프를 4 cm씩 겹쳐서 이어 붙였다면 /
이어 붙인 색 테이프 전체의 길이는 몇 cm인가요?

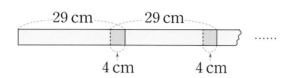

😊 **구하려는 것은?** 이어 붙인 색 테이프 전체의 길이

🐻 **주어진 것은?** • 색 테이프 한 장의 길이: ☐ cm
• 색 테이프의 수: ☐ 장
• 겹쳐진 부분의 길이: ☐ cm

🐻 **어떻게 풀까?** **1** 색 테이프 4장의 길이의 합과 겹쳐진 부분의 길이의 합을 구하여
2 위 **1** 에서 구한 두 수의 차를 구하여 이어 붙인 색 테이프 전체의 길이를 구하자.

😊 **해결해 볼까?**

❶ 색 테이프 4장의 길이의 합은 몇 cm?

답▶ _____

❷ 색 테이프 4장을 이어 붙였을 때 겹쳐진 부분은 몇 군데?

전략▶ (겹쳐진 부분의 수)=(색 테이프의 수)−1   답▶ _____

❸ 겹쳐진 부분의 길이의 합은 몇 cm?

답▶ _____

❹ 이어 붙인 색 테이프 전체의 길이는 몇 cm?

답▶ _____

{ 창의·융합·코딩 체험하기 }

 오각형 12개, 육각형 20개를 연결해서 만든 축구공입니다./
축구공 7개에는 육각형이 모두 몇 개있나요?

 답 _____

4

[창의 ②~③] 수민이가 동물원에서 본 동물들의 나이입니다./ 물음에 답해 보세요.

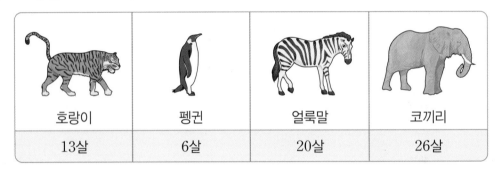

호랑이	펭귄	얼룩말	코끼리
13살	6살	20살	26살

창의 ② 나이가 호랑이의 2배인 동물을 찾아 써 보세요.

답 _____

창의 ③ 거북의 나이는 호랑이와 펭귄의 나이를 곱한 만큼입니다. 거북은 몇 살인가요?

거북

? 살

답 _____

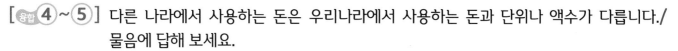

[4~5] 다른 나라에서 사용하는 돈은 우리나라에서 사용하는 돈과 단위나 액수가 다릅니다./
물음에 답해 보세요.

융합 4 러시아에서 사용하는 돈의 단위는 루블입니다./
어느 날 러시아 돈 1루블이 우리나라 돈으로 다음과 같을 때/
러시아 돈 3루블은 우리나라 돈으로 얼마인지 ☐ 안에 알맞은 수를 써넣으세요.

러시아		대한민국
1루블	=	14원

러시아		대한민국
3루블	=	☐원

융합 5 대만에서 사용하는 돈의 단위는 달러입니다./
어느 날 대만 돈 1달러가 우리나라 돈으로 다음과 같을 때/
대만 돈 8달러는 우리나라 돈으로 얼마인지 ☐ 안에 알맞은 수를 써넣으세요.

대만		대한민국
1달러	=	40원

대만		대한민국
8달러	=	☐원

자기 나라 돈과 다른 나라 돈을 얼마만큼씩
교환할 수 있느냐가 환율인데 이 환율은 매일 바뀌어.

4

곱셈

창의 6 지우가 책상의 길이를 뼘으로 재어 보았습니다. /
책상의 길이는 몇 cm인가요?

나의 한 뼘의 길이는 16 cm야.
책상의 길이는 8뼘하고 7 cm만큼 더 돼.

지우

답 _____

곱셈

98

코딩 7 다음은 두 수의 곱이 100보다 큰지 알아볼 수 있는 순서도입니다. /
물음에 답해 보세요.

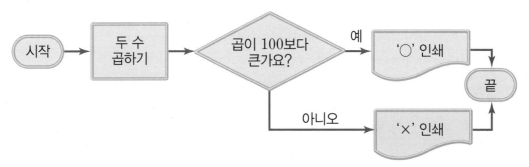

(1) 시작에 30과 4를 넣으면 무엇이 인쇄되나요?

답 _____

(2) 시작에 36과 2를 넣으면 무엇이 인쇄되나요?

답 _____

[코딩 8 ~ 9] 〔약속〕에 맞게 수를 계산하려고 합니다./ 물음에 답해 보세요.

〔약속〕

→: 20을 뺍니다.　　　 ↓: 3을 곱합니다.

←: 9를 더합니다.　　　 ↑: 7을 더합니다.

코딩 8　토끼가 출발하여 당근이 있는 곳으로 가려고 합니다./
당근에 들어갈 수를 구해 보세요.

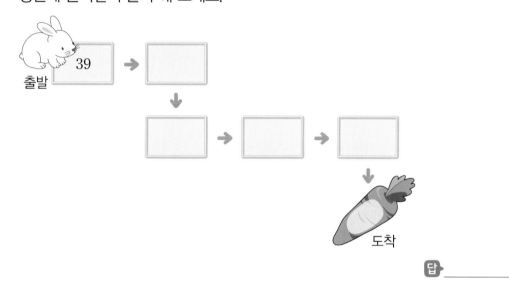

답 _____

코딩 9　고양이가 출발하여 생선이 있는 곳으로 가려고 합니다./
생선에 들어갈 수를 구해 보세요.

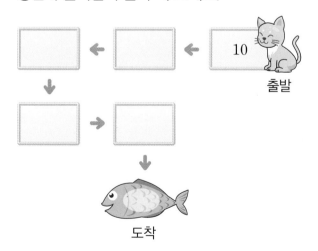

답 _____

곱셈식 계산하기 ⟨080쪽

1 공책이 한 묶음에 20권씩 8묶음 있습니다. 공책은 모두 몇 권인가요?

 풀이

답_____

크기를 비교하여 곱셈식 계산하기

2 가장 큰 수와 가장 작은 수의 곱을 구해 보세요.

| 55 | 4 | 9 |

풀이

답_____

곱셈식 계산하기 ⟨086쪽

3 빵이 한 상자에 11개씩 6상자 있습니다. 그중에서 4개를 먹었다면 남은 빵은 몇 개인가요?

 풀이

답_____

4 **곱의 크기 비교하기** 🔗081쪽

윤서는 종이학을 하루에 12개씩 5일 동안 접었습니다. 민주가 접은 종이학은 50개일 때 종이학을 더 많이 접은 사람은 누구인가요?

 풀이

답 _____

5 **덧셈(뺄셈)을 한 후 곱셈하기** 🔗082쪽

상자 한 개에 영어 공책 24권, 음악 공책 39권씩 넣었습니다. 상자 3개에 넣은 공책은 모두 몇 권인가요?

 풀이

답 _____

6 **곱셈식 계산하기** 🔗092쪽

정아네 학교 3학년은 한 반에 21명씩 4개 반입니다. 3학년 학생 모두에게 연필을 2자루씩 주려면 연필은 몇 자루 필요한가요?

 풀이

답 _____

{ 실전 **마무리** 하기 }

어떤 수를 구하여 곱셈하기 ⌒089쪽

7

어떤 수에 6을 곱해야 할 것을 잘못하여 더했더니 40이 되었습니다. 바르게 계산한 값을 구해 보세요.

풀이

답 _____

덧셈(뺄셈)을 한 후 곱셈하기 ⌒088쪽

8

유찬이와 지우가 가지고 있는 구슬 수의 합은 몇 개인가요?

나는 구슬을 21개 가지고 있어.

나는 다영이보다 구슬을 8개 더 적게 가지고 있어.

나는 유찬이가 가지고 있는 구슬 수의 4배만큼 가지고 있어.

다영

유찬

지우

풀이

답 _____

9 곱셈식 완성하기 ⟲090쪽

ㄱ에 알맞은 수를 구해 보세요.

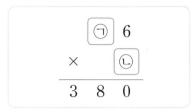

풀이

답 _____

10 수 카드로 수를 만들어 곱 구하기 ⟲091쪽

수 카드 중에서 3장을 골라 한 번씩만 사용하여 곱이 가장 작은 (몇십몇)×(몇)을 만들어 계산해 보세요.

풀이

답 _____

5 길이와 시간

FUN 한 기억 노트

1 mm를 알아보자. 🖊

1 cm를 [ ] 칸으로 똑같이 나누었을 때 작은 눈금 한 칸의 길이

읽기 ▶ 1 [   ]

➜ 1 cm = [   ] mm

- 4 cm보다 5 mm 더 긴 것

쓰기 [ ] cm [ ] mm

읽기 4 센티미터 5 밀리미터

4 cm 5 mm = [   ] mm

1 km를 알아보자. 🖊

1000 m를 [ ] km라 쓰고, 1 킬로미터라고 읽어.

- 2 km보다 400 m 더 긴 것

쓰기 [ ] km [   ] m

읽기 2 킬로미터 400 미터

2 km 400 m = [   ] m

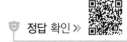

1초를 알아보자. ✏️

초바늘이 작은 눈금 한 칸을 가는 동안 걸리는 시간

작은 눈금 1칸 = □ 초

60초를 알아보자. ✏️

초바늘이 시계를 한 바퀴 도는 데 걸리는 시간

60초 = □ 분

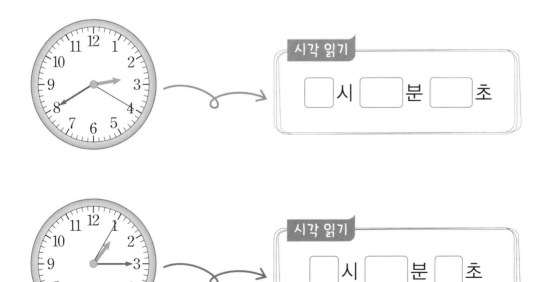

시각 읽기

□ 시 □ 분 □ 초

시각 읽기

□ 시 □ 분 □ 초

{ 문제 해결력 기르기 }

① 길이 비교하기

선행 문제 해결 전략

예 4 cm 5 mm와 42 mm 비교하기

단위가 다른 경우에는 **단위를 같은 형태로 나타내어** 비교하자.

1 cm = 10 mm

방법1 **몇 mm로 나타내어** 비교하기

4 cm 5 mm = 45 mm

➡ 45 mm > 42 mm

방법2 **몇 cm 몇 mm로 나타내어** 비교하기

42 mm = 4 cm 2 mm

➡ 4 cm 5 mm > 4 cm 2 mm

선행 문제 ①

주어진 단위로 길이를 나타내어 보세요.

(1)

9 cm 4 mm = ■ mm

풀이 9 cm 4 mm

= ☐ mm + 4 mm

= ☐ mm

(2)

57 mm = ● cm ▲ mm

풀이 57 mm

= ☐ mm + 7 mm

= ☐ cm 7 mm

실행 문제 ①

노란색 끈의 길이는 10 cm 5 mm,/
파란색 끈의 길이는 100 mm입니다./
노란색과 파란색 중 더 짧은 끈은 무슨 색인가요?

전략 노란색 끈의 길이를 몇 mm로 나타내어 보자.

❶ 노란색 끈의 길이:

10 cm 5 mm = ☐ mm

전략 ❶에서 구한 노란색 끈의 길이와 파란색 끈의 길이를 비교해 보자.

❷ ☐ mm ◯ 100 mm이므로

더 짧은 끈은 ☐ 색이다.

답 _____

쌍둥이 문제 1-1

연필의 길이는 15 cm 2 mm,/
볼펜의 길이는 139 mm입니다./
연필과 볼펜 중 더 긴 것은 무엇인가요?

실행 문제 따라 풀기

❶

❷

답 _____

② 길이의 합(차) 구하기

예 두 끈의 길이의 합과 차 구하기

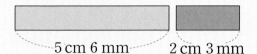

5 cm 6 mm   2 cm 3 mm

① 두 끈의 길이의 **합**   ② 두 끈의 길이의 **차**

> 두 길이를 더하자.

> 긴 길이에서 짧은 길이를 빼자.

```
    5 cm   6 mm
  + 2 cm   3 mm
  ───────────────
    7 cm   9 mm
```

```
    5 cm   6 mm
  − 2 cm   3 mm
  ───────────────
    3 cm   3 mm
```

참고 길이의 합과 차를 구할 때

**cm는 cm끼리,
mm는 mm끼리 계산한다.**

선행 문제 ②

두 막대의 길이의 합과 차를 구해 보세요.

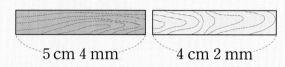

5 cm 4 mm   4 cm 2 mm

풀이 두 막대의 길이의 합:

```
      5  cm   4  mm
   +  4  cm   2  mm
   ─────────────────
      □ cm    □ mm
```

두 막대의 길이의 차:

```
      5  cm   4  mm
   −  4  cm   2  mm
   ─────────────────
      □ cm    □ mm
```

실행 문제 ②

㉠ 막대의 길이는 23 mm이고,/

㉡ 막대의 길이는 3 cm 6 mm입니다./

두 막대의 길이의 합은/

몇 cm 몇 mm인가요?

전략 답을 몇 cm 몇 mm로 구해야 하므로
㉠ 막대의 길이를 몇 cm 몇 mm로 나타내자.

❶ ㉠ 막대의 길이:

23 mm = □ cm □ mm

전략 몇 cm 몇 mm 단위로 고친 것끼리 합을 구하자.

❷ 두 막대의 길이의 합:

```
      □ cm   □ mm
   +  3  cm   6  mm
   ─────────────────
      □ cm   □ mm
```

답 _____

쌍둥이 문제 2-1

㉠ 막대의 길이는 65 mm이고,/

㉡ 막대의 길이는 3 cm 4 mm입니다./

두 막대의 길이의 합은/

몇 cm 몇 mm인가요?

실행 문제 따라 풀기

❶

❷

답 _____

STEP 1 { 문제 해결력 기르기 }

③ 전(후)의 시각 구하기

선행 문제 해결 전략

• 7시 20분의 10분 전과 10분 후의 시각 구하기

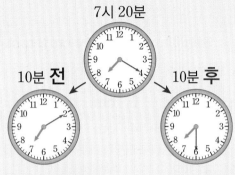

7시 20분

10분 **전**   10분 **후**

$$\begin{array}{r} 7시\ 20분 \\ -\qquad 10분 \\ \hline 7시\ 10분 \end{array}$$

$$\begin{array}{r} 7시\ 20분 \\ +\qquad 10분 \\ \hline 7시\ 30분 \end{array}$$

~**전의 시각**은
뺄셈을 이용하자.

~**후의 시각**은
덧셈을 이용하자.

선행 문제 ③

주어진 시각을 구하는 식을 완성해 보세요.

(1)
> 3시 20분에서 20분 전의 시각

풀이 ▶ 20분 전의 시각을 구해야 하므로
(덧셈 , 뺄셈)을 이용한다.
➡ 3시 20분 ◯ 20분

(2)
> 5시 10분에서 30분 후의 시각

풀이 ▶ 30분 후의 시각을 구해야 하므로
(덧셈 , 뺄셈)을 이용한다.
➡ 5시 10분 ◯ 30분

실행 문제 ③

지금 시각은 5시 30분 10초입니다. /
100초 후의 시각은 몇 시 몇 분 몇 초인가요?

전략 ▶ 답을 몇 시 몇 분 몇 초로 구해야 하므로 100초를
몇 분 몇 초로 나타내자.

❶ 100초 = ☐ 초 + 40초

= ☐ 분 40 초

전략 ▶ 5시 30분 10초에 ❶에서 구한 시간을 더하자.

❷ 5시 30분 10초에서 100초 후의 시각:

$$\begin{array}{r} 5시\quad 30분\quad 10초 \\ +\qquad \boxed{}분\quad \boxed{}초 \\ \hline \boxed{}시\ \boxed{}분\ \boxed{}초 \end{array}$$

답 _____

쌍둥이 문제 ③-1

지금 시각은 2시 10분 20초입니다. /
150초 후의 시각은 몇 시 몇 분 몇 초인가요?

실행 문제 **따라 풀기**

❶

❷

답 _____

5

길이와 시간

108

④ 걸린 시간 구하기

선행 문제 해결 전략

예 공부를 하는 데 걸린 시간 구하기

공부를   공부를 하는 데   공부를
시작한 시각   걸린 시간   **끝낸 시각**

(걸린 시간)
= (끝낸 시각) − (시작한 시각)

$$\begin{array}{r} 7\text{시} \quad 30\text{분} \leftarrow 끝낸\ 시각 \\ -\ 4\text{시} \quad 10\text{분} \leftarrow 시작한\ 시각 \\ \hline 3\text{시간}\ 20\text{분} \end{array}$$

선행 문제 ④

영화를 상영한 시간을 구하려고 합니다. ☐ 안에 알맞은 수를 써넣으세요.

영화가 시작한 시각	영화가 끝난 시각
4시	6시 20분

풀이   영화를 상영한 시간:

$$\begin{array}{r} 6\ \text{시} \qquad 20\ \text{분} \leftarrow 끝난\ 시각 \\ -\ 4\ \text{시} \qquad\qquad \leftarrow 시작한\ 시각 \\ \hline \boxed{}\text{시간} \quad \boxed{}\text{분} \end{array}$$

실행 문제 ④

선우가 농구를 하는 데 걸린 시간은 몇 시간 몇 분 몇 초인가요?

시작한 시각   끝낸 시각

❶ 시작한 시각: ☐시 ☐분 ☐초

   끝낸 시각: ☐시 ☐분 ☐초

전략 (농구를 하는 데 걸린 시간)=(끝낸 시각)−(시작한 시각)

❷ 농구를 하는 데 걸린 시간:

답 _____

쌍둥이 문제 ④-1

윤재가 그림 그리기를 하는 데 걸린 시간은 몇 시간 몇 분 몇 초인가요?

시작한 시각   끝낸 시각

실행 문제 따라 풀기

❶

❷

답 _____

5

길이와 시간

109

{ 문제 해결력 기르기 }

⑤ 수업이 시작하는 시각 구하기

선행 문제 해결 전략

예 **수업 시간이 40분, 쉬는 시간이 10분**
이고, 1교시 수업이 오전 9시에 시작할 때,
수업 시작 시각과 끝나는 시각 알아보기

> 수업이 시작하고 끝나는 과정을 생각하여 계산해 보자.
>
> 수업 시작 → 수업 시간 +40분 → 수업 끝 → 쉬는 시간 +10분 → 수업 시작

1교시 수업 시작	오전 9시	
1교시 수업 끝	오전 9시 40분	+40분
2교시 수업 시작	오전 9시 50분	+10분
2교시 수업 끝	오전 10시 30분	+40분

선행 문제 ⑤

수영 수업 시간이 50분, 쉬는 시간이 20분입니다. 1부 수업이 오후 4시에 시작할 때, 2부 수업이 시작하는 시각은 오후 몇 시 몇 분인지 구해 보세요.

풀이

1부 수업 시작	오후 4시	
1부 수업 끝	오후 4시 ☐분	+50분
2부 수업 시작	오후 5시 ☐분	+☐분

실행 문제 ⑤

선우네 학교는 수업 시간이 40분, 쉬는 시간이 10분입니다./
1교시 수업이 오전 9시 20분에 시작할 때,/
2교시 수업이 시작하는 시각은 오전 몇 시 몇 분인가요?

전략 (1교시 수업이 끝나는 시각)
  =(1교시 수업이 시작하는 시각)+(수업 시간)

❶ (1교시 수업이 끝나는 시각)
  =오전 9시 20분+☐분
  =오전 ☐시

전략 (2교시 수업이 시작하는 시각)
  =(1교시 수업이 끝나는 시각)+(쉬는 시간)

❷ (2교시 수업이 시작하는 시각)
  =오전 ☐시+☐분
  =오전 ☐시 ☐분

답▶_____

다르게 풀기

전략 1교시 수업 시작부터 2교시 수업 시작까지는 수업 시간과 쉬는 시간이 1번씩 지나야 하므로 둘의 합을 구하자.

❶ (수업 시간)+(쉬는 시간)
  =40분+☐분=☐분

전략 (2교시 수업이 시작하는 시각)
  =(1교시 수업이 시작하는 시각)+(❶에서 구한 시간)

❷ (2교시 수업이 시작하는 시각)
  =오전 9시 20분+☐분
  =오전 ☐시 ☐분

답▶_____

⑥ 낮(밤)의 길이 구하기

선행 문제 해결 전략

• 낮과 밤의 길이 구하기

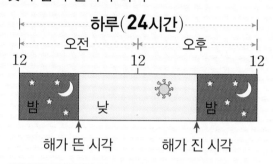

• (낮의 길이)
 =(해가 진 시각)−(해가 뜬 시각)

• (밤의 길이)
 =**24**시간−(낮의 길이)

참고 하루를 24시간으로 하여 오후의 시각 나타내기
예 오후 **5**시=(**12**+**5**)시=**17**시
오후 **8**시=(**12**+**8**)시=**20**시

선행 문제 ⑥

어느 날 해가 뜬 시각과 해가 진 시각을 나타낸 것입니다. 낮의 길이를 구해 보세요.

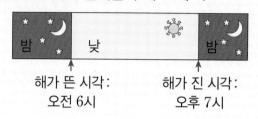

해가 뜬 시각: 오전 6시   해가 진 시각: 오후 7시

풀이 (해가 진 시각)
 =오후 7시=(☐+7)시=☐시

(낮의 길이)
 =(해가 진 시각)−(해가 뜬 시각)
 =☐시−6시=☐시간

실행 문제 ⑥

어느 날 해가 뜬 시각은 오전 6시 31분 22초였고,/
해가 진 시각은 오후 6시 40분 30초였습니다./
이날 낮의 길이는 몇 시간 몇 분 몇 초인가요?

전략 하루를 24시간으로 하여 해가 진 시각을 나타내자.

❶ (해가 진 시각)=오후 6시 40분 30초
 =☐시 40분 30초

전략 (낮의 길이)=(해가 진 시각)−(해가 뜬 시각)

❷ 낮의 길이:

```
    ☐ 시   40 분  30 초
  −  6 시   31 분  22 초
  ───────────────────
    ☐ 시간 ☐ 분 ☐ 초
```

답 _____

쌍둥이 문제 6-1

어느 날 해가 뜬 시각은 오전 5시 25분 40초였고,/
해가 진 시각은 오후 7시 40분 30초였습니다./
이날 낮의 길이는 몇 시간 몇 분 몇 초인가요?

실행 문제 따라 풀기

❶

❷

답 _____

111

길이와 시간

{ 수학 사고력 키우기 }

😊 길이 비교하기

연계학습 106쪽

대표 문제 ①

은우네 집에서 수영장까지의 거리는 2 km 100 m이고,
공원까지의 거리는 2010 m입니다. /
은우네 집에서 더 가까운 곳은 어디인가요?

😊 **구하려는 것은?** 은우네 집에서 더 가까운 곳

🐻 **주어진 것은?**

• 은우네 집에서 수영장까지의 거리: 2 km ☐ m

• 은우네 집에서 공원까지의 거리: ☐ m

😊 **해결해 볼까?**

❶ 은우네 집에서 수영장까지의 거리는 몇 m?

　[전략] 1 km＝1000 m임을 이용하여
　　　 2 km 100 m를 몇 m로 나타내어 보자.

답 _____

❷ 은우네 집에서 더 가까운 곳은?

답 _____

쌍둥이 문제 1-1

학교에서 영진이네 집까지의 거리는 4 km 250 m이고,
수민이네 집까지의 거리는 4900 m입니다. /
학교에서 더 먼 곳은 누구네 집인가요?

😊 **대표 문제 따라 풀기**

❶

❷

답 _____

길이의 합(차) 구하기

연계학습 107쪽

대표 문제 2

집에서 도서관까지 가는 데 길이 두 가지가 있습니다./
두 길의 거리의 차는 몇 km 몇 m인가요?

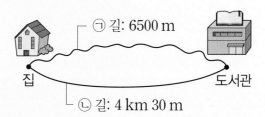

⊙ 길: 6500 m
집 도서관
ⓒ 길: 4 km 30 m

😊 **구하려는 것은?**

두 길의 거리의 차

🐻 **어떻게 풀까?**

1 ⊙ 길의 거리를 몇 km 몇 m로 나타내고 2 거리를 비교하여 차를 구하자.

😊 **해결해 볼까?**

❶ ⊙ 길은 몇 km 몇 m?

전략 답을 몇 km 몇 m로 구해야 하므로 ⊙ 길의 거리를
몇 km 몇 m로 나타내어 보자.

답 _____

❷ 두 길 중 더 먼 길은?

전략 두 길의 거리를 비교하여 더 먼 길을 찾아보자.

답 _____

❸ 두 길의 거리의 차는 몇 km 몇 m?

답 _____

5

길이와 시간

113

쌍둥이 문제 2-1

병원에서 슈퍼마켓까지의 거리와 병원에서 우체국까지의 거리의 차는
몇 km 몇 m인가요?

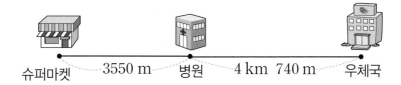

슈퍼마켓   3550 m   병원   4 km 740 m   우체국

😊 **대표 문제 따라 풀기**

❶

❷

❸

답 _____

{ 수학 사고력 키우기 }

😊 전(후)의 시각 구하기

🅖 연계학습 108쪽

대표 문제 3

유빈이가 책을 다 읽은 시각은 5시 20분이었습니다. /
유빈이가 1시간 15분 동안 책을 읽었다면 /
책을 읽기 시작한 시각은 몇 시 몇 분인가요?

🙂 **구하려는 것은?** 유빈이가 책을 읽기 시작한 시각

🐻 **주어진 것은?**
- 유빈이가 책을 다 읽은 시각: 5시 ☐ 분
- 책을 읽은 시간: ☐ 시간 ☐ 분

🐻 **해결해 볼까?**

❶ 알맞은 말에 ○표 하기

> 책을 읽기 시작한 시각을 구하려면 책을 다 읽은 시각에서
> 1시간 15분 (전 , 후)의 시각을 구한다.

❷ 유빈이가 책을 읽기 시작한 시각은 몇 시 몇 분?

전략 (책을 다 읽은 시각) - (책을 읽은 시간)

답 _____

5

길이와 시간

114

쌍둥이 문제

3-1

진영이가 학교에서 출발하여 집에 도착하는 데 20분 30초가 걸렸습니다. /
집에 도착한 시각이 1시 50분 40초일 때 /
학교에서 출발한 시각은 몇 시 몇 분 몇 초인가요?

😊 **대표 문제 따라 풀기**

❶

❷

답 _____

걸린 시간 구하기

연계학습 109쪽

대표 문제 4 아린이와 윤우 중에서 운동을 더 오래 한 사람은 누구인지 이름을 써 보세요.

난 운동을 5시 10분부터 5시 55분까지 했어.

난 운동을 3시 5분부터 3시 40분까지 했어.

아린   윤우

구하려는 것은? 운동을 더 오래 한 사람

어떻게 풀까?
1 아린이와 윤우가 운동한 시간을 각각 구한 다음,
2 시간을 비교하여 운동을 더 오래 한 사람을 찾아보자.

해결해 볼까?

❶ 아린이가 운동을 한 시간은 몇 분?

답 _____

❷ 윤우가 운동을 한 시간은 몇 분?

답 _____

❸ 운동을 더 오래 한 사람은?

답 _____

쌍둥이 문제 4-1 은서와 유찬이 중에서 공부를 더 오래 한 사람은 누구인지 이름을 써 보세요.

난 공부를 3시 45분부터 4시 55분까지 했어.

난 공부를 2시 5분부터 3시 50분까지 했어.

은서   유찬

대표 문제 따라 풀기

❶

❷

❸

답 _____

2 STEP

{ 수학 **사고력** 키우기 }

😊 **수업이 시작하는 시각 구하기**

연계학습 110쪽

대표 문제 5

은지가 본 공연 관람 시간표입니다./
1부 공연이 오후 4시 30분 10초에 시작했을 때/
2부 공연이 끝난 시각은 오후 몇 시 몇 분 몇 초인가요?

1부 공연 시간	45분 15초
휴식 시간	15분
2부 공연 시간	52분 30초

😊 **구하려는 것은?**

2부 공연이 끝난 시각

😊 **어떻게 풀까?**

| 1부 공연 시작 | 공연 시간 **+45분 15초** → | 1부 공연 끝 | 휴식 시간 **+15분** → | 2부 공연 시작 | 공연 시간 **+52분 30초** → | 2부 공연 끝 |

😊 **해결해 볼까?**

❶ 1부 공연이 끝난 시각은 오후 몇 시 몇 분 몇 초?

답 _____

❷ 2부 공연이 시작한 시각은 오후 몇 시 몇 분 몇 초?

답 _____

❸ 2부 공연이 끝난 시각은 오후 몇 시 몇 분 몇 초?

답 _____

5

길이와 시간

116

쌍둥이 문제 5-1

민우가 참여한 체험 학습 시간표입니다./
1부 체험이 오후 1시 10분 30초에 시작했을 때/
2부 체험이 끝난 시각은 오후 몇 시 몇 분 몇 초인가요?

1부 체험 시간	40분 10초
휴식 시간	10분
2부 체험 시간	35분 40초

😊 **대표 문제 따라 풀기**

❶

❷

❸

답 _____

낮(밤)의 길이 구하기

연계학습 111쪽

대표 문제 6

어느 날 해가 뜬 시각은 오전 5시 12분 30초였고, /
해가 진 시각은 오후 7시 20분 50초였습니다. /
이날 밤의 길이는 몇 시간 몇 분 몇 초인가요?

구하려는 것은?

밤의 길이

어떻게 풀까?

1 하루를 24시간으로 하여 해가 진 시각을 나타낸 다음 낮의 길이를 구하고,
2 하루가 24시간임을 이용하여 밤의 길이를 구하자.

해결해 볼까?

❶ 하루를 24시간으로 하여 해가 진 시각을 나타내면?

전략 오후 ■시＝(12＋■)시

답 _____

❷ 낮의 길이는 몇 시간 몇 분 몇 초?

전략 (낮의 길이)＝(해가 진 시각)－(해가 뜬 시각)

답 _____

❸ 밤의 길이는 몇 시간 몇 분 몇 초?

전략 (밤의 길이)＝24시간－(낮의 길이)

답 _____

쌍둥이 문제

6-1

어느 날 해가 뜬 시각은 오전 7시 15분 40초였고, /
해가 진 시각은 오후 5시 50분 50초였습니다. /
이날 밤의 길이는 몇 시간 몇 분 몇 초인가요?

대표 문제 따라 풀기

❶

❷

❸

답 _____

{ 수학 독해력 완성하기 }

😊 **걸린 시간 구하기**

🔆 연계학습 115쪽

독해 문제 1

꽃 축제에서 체험 시간을 나타낸 것입니다. /
민정이가 참가한 체험은 10시 20분에 시작하여 10시 52분에 끝났습니다. /
민정이가 참가한 체험은 무엇인가요?

꽃 편지 만들기 (25분)	꽃 그리기 (32분)	화분 만들기 (27분)

😊 **구하려는 것은?** 민정이가 참가한 체험

🐻 **주어진 것은?**
- 체험이 시작한 시각: 10시 ☐ 분
- 체험이 끝난 시각: 10시 ☐ 분
- 각각 체험을 하는 데 걸리는 시간

😊 **어떻게 풀까?**
❶ 체험을 하는 데 걸린 시간을 구하여
❷ 민정이가 참가한 체험을 찾아보자.

😊 **해결해 볼까?**

❶ 민정이가 체험을 하는 데 걸린 시간은 몇 분?

전략 (끝난 시각)─(시작한 시각)

답 _____

❷ 민정이가 참가한 체험은?

답 _____

길이의 합(차) 구하기

연계학습 113쪽

독해 문제
2

㉠에서 ㉡까지의 거리는 몇 km 몇 m인가요?

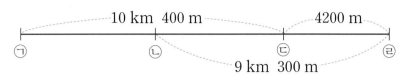

😊 **구하려는 것은?** ㉠에서 [ ]까지의 거리

🐻 **주어진 것은?**
- ㉠에서 ㉢까지의 거리: 10 km [ ] m
- ㉢에서 ㉣까지의 거리: [ ] m
- ㉡에서 ㉣까지의 거리: 9 km [ ] m

😊 **어떻게 풀까?**
1 ㉢에서 ㉣까지의 거리를 몇 km 몇 m로 나타내고,
2 ㉠에서 ㉣까지의 거리를 구한 다음 ㉡에서 ㉣까지의 거리를 빼서 ㉠에서 ㉡까지의 거리를 구하자.

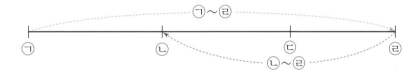

😊 **해결해 볼까?**

❶ ㉢에서 ㉣까지의 거리는 몇 km 몇 m?

답 _____

❷ ㉠에서 ㉣까지의 거리는 몇 km 몇 m?

전략 (㉠에서 ㉢까지의 거리)+(㉢에서 ㉣까지의 거리) 답 _____

❸ ㉠에서 ㉡까지의 거리는 몇 km 몇 m?

전략 (㉠에서 ㉣까지의 거리)−(㉡에서 ㉣까지의 거리) 답 _____

{ 수학 독해력 완성하기 }

😊 주어진 상황을 이용하여 시간 구하기

독해 문제 3

유진이는 친구와 놀이터에서 오전 11시 50분에 만나기로 했고, /
유진이네 집에서 놀이터까지 가는 데는 25분이 걸립니다. /
현재 시각이 오전 11시 15분 45초일 때 /
유진이가 친구와 만나기로 한 시각에 정확히 도착하려면 /
현재 시각부터 몇 분 몇 초 후 집에서 출발해야 하나요?

😊 **구하려는 것은?**　현재 시각부터 유진이가 집에서 출발해야 할 때까지의 시간

😊 **주어진 것은?**
- 유진이가 친구와 놀이터에서 만나기로 한 시각: 오전 ☐시 ☐분
- 유진이네 집에서 놀이터까지 가는 데 걸리는 시간: ☐분
- 현재 시각: 오전 ☐시 ☐분 ☐초

😊 **어떻게 풀까?**
1️⃣ 유진이가 집에서 출발해야 할 시각을 구하고,
2️⃣ 만나기로 한 시각에 정확히 도착하려면 현재 시각부터 몇 분 몇 초 후에 집에서 출발해야 하는지 구하자.

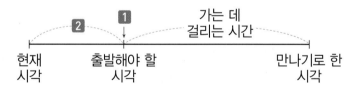

😊 **해결해 볼까?**

❶ 유진이가 집에서 출발해야 할 시각은 오전 몇 시 몇 분?

　전략 (만나기로 한 시각)−(가는 데 걸리는 시간)　　답

❷ 만나기로 한 시각에 정확히 도착하려면 현재 시각부터 몇 분 몇 초 후에 출발해야 하는지 구하면?

　전략 (출발해야 할 시각)−(현재 시각)　　답

고장난 시계의 시각 구하기

독해 문제
4

하루에 10초씩 느려지는 시계가 있습니다. /
어느 날 이 시계를 오전 10시에 정확하게 맞추어 놓았다면 /
7일 후 오전 10시에 이 시계가 가리키는 시각은 오전 몇 시 몇 분 몇 초인가요?

😊 구하려는 것은? 7일 후 오전 10시에 고장난 시계가 가리키는 시각

😄 주어진 것은?
• 하루에 느려지는 시간: ☐초
• 정확하게 맞추어 놓은 시각: 오전 ☐시
• 다시 시각을 확인하는 날: ☐일 후

😊 어떻게 풀까?
1 7일 동안 느려지는 전체 시간을 구하고,
2 시각을 다시 확인할 때 시계가 가리키는 시각을 구하자.

😊 해결해 볼까?

❶ 이 시계가 7일 동안 느려지는 시간은 몇 초?
전략 (하루에 느려지는 시간)×(날 수)   답 _____

❷ 이 시계가 7일 동안 느려지는 시간을 몇 분 몇 초로 나타내면?
답 _____

❸ 7일 후 오전 10시에 이 시계가 가리키는 시각은 오전 몇 시 몇 분 몇 초?
답 _____

5

길이와 시간

121

융합 1 세영이가 민속놀이 체험을 하는 데 걸린 시간을 나타낸 것입니다./
제기차기와 연날리기 체험을 하는 데 걸린 시간은 몇 분 몇 초인가요?

윷놀이 (30분 20초)	제기차기 (10분 30초)	투호 (15분 20초)	연날리기 (15분 10초)

답 _____

융합 2 알맞은 단위를 알아보려고 합니다./
다음을 보고 알맞은 단위에 ○표 하세요.

(1)

기린의 키

(km , m)

(2)

서울에서 부산까지의 거리

(km , m)

[창의 ③ ~ ④] 서윤이는 컵케이크를 만들기 위해 계획표를 세우려고 합니다./
물음에 답해 보세요.

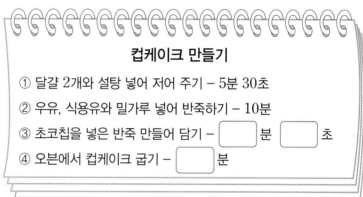

컵케이크 만들기

① 달걀 2개와 설탕 넣어 저어 주기 – 5분 30초

② 우유, 식용유와 밀가루 넣어 반죽하기 – 10분

③ 초코칩을 넣은 반죽 만들어 담기 – ☐ 분 ☐ 초

④ 오븐에서 컵케이크 굽기 – ☐ 분

 **창의 3** 서윤이의 말을 읽고,/ ③에서 걸리는 시간은 몇 분 몇 초인지 구해 보세요.

③에서 걸리는 시간은
①에서 걸리는 시간과 ②에서 걸리는 시간의 합과 같아요.

서윤

답

 **창의 4** 서윤이의 말을 읽고,/ ④에서 걸리는 시간은 몇 분인지 구해 보세요.

④에서 걸리는 시간은
③에서 걸리는 시간보다 11분 30초만큼 더 걸려요.

서윤

 답

{ 창의·융합·코딩 체험하기 }

코딩 5   어느 주민센터에 있는 로봇은 플라스틱 쓰레기를 가장 긴 쪽의 길이에 따라 분리한 후/
색깔 스티커를 붙입니다./
로봇이 다음 순서도에 따라 일을 할 때/ 분리 후 나오는 스티커는 무슨 색인가요?

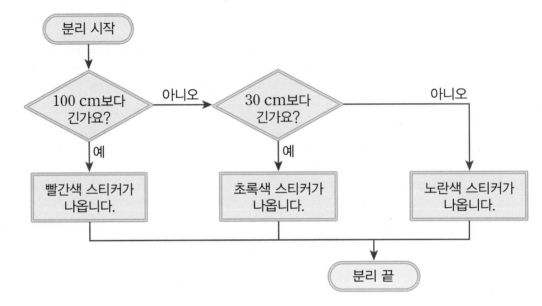

(1)

31 cm

답 _____

(2)

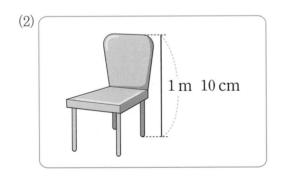

1 m 10 cm

 답 _____

[창의 6 ~ 7] 다영이와 언니가 집에서 나눈 대화를 읽고 물음에 답해 보세요.

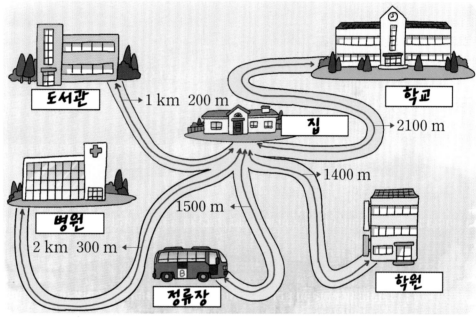

 오늘 다영이가 이동하게 될 거리는 몇 km 몇 m인가요?

답

 오늘 언니가 이동하게 될 거리는 몇 km 몇 m인가요?

답

종합평가

{ 실전 마무리 하기 }

길이를 주어진 단위로 나타내기

1 지우개의 길이를 자로 재어 보니 4 cm 3 mm였습니다. 지우개의 길이는 몇 mm인가요?

답 _____

시간 비교하기

2 유빈이와 희민이의 오래 매달리기 기록입니다. 더 오래 매달린 사람은 누구인지 이름을 써 보세요.

유빈: 2분 10초   희민: 160초

답 _____

길이의 합(차) 구하기 107쪽

3 승재는 자전거를 타고 둘레가 1100 m인 호수를 2바퀴 달렸습니다. 승재가 자전거를 타고 달린 거리는 몇 km 몇 m인가요?

답 _____

4 전(후)의 시각 구하기 ↺108쪽

지금 시각은 오른쪽과 같습니다. 지금부터 1시간 20분 후의 시각은 몇 시 몇 분인가요?

풀이▶

답 _____

5 전(후)의 시각 구하기 ↺114쪽

선아가 청소를 끝낸 시각은 3시 40분 20초였습니다. 선아가 1시간 25분 동안 청소를 했다면 청소를 시작한 시각은 몇 시 몇 분 몇 초인가요?

풀이▶

답 _____

6 길이의 합(차) 구하기 ↺113쪽

하린이는 색 테이프를 45 cm 7 mm 가지고 있었는데 선물 상자를 묶는 데 204 mm를 사용했습니다. 남은 색 테이프의 길이는 몇 cm 몇 mm인가요?

풀이▶

답 _____

5

길이와 시간

127

길이의 합(차) 구하기 ⏱119쪽

7 ⓝ에서 ⓒ까지의 거리는 몇 km 몇 m인가요?

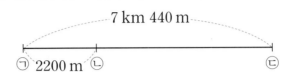

풀이

답 _____

수업이 시작하는 시각 구하기 ⏱116쪽

8 체육관에서 농구 수업 시간이 50분, 쉬는 시간이 20분입니다. 1부 수업이 3시 20분에 시작할 때, 2부 수업이 끝나는 시각은 몇 시 몇 분인가요?

풀이

답 _____

걸린 시간 구하기 ↻115쪽

9 은지와 원용이가 독서를 시작한 시각과 끝낸 시각을 나타낸 것입니다. 독서를 더 오래 한 사람은 누구인지 이름을 써 보세요.

이름	시작한 시각	끝낸 시각
은지	5시 40분 30초	6시 50분 55초
원용	3시 5분 10초	4시 20분 40초

 풀이

답 _____

낮(밤)의 길이 구하기 ↻117쪽

10 어느 날 해가 뜬 시각은 오전 5시 40분 10초였고, 해가 진 시각은 오후 7시 22분 20초였습니다. 이날 밤의 길이는 몇 시간 몇 분 몇 초인가요?

 풀이

답 _____

6 분수와 소수

FUN 한 이야기

냉장고에 주스가 있어요.

주스 먹고 싶다.

주스의 주인인 누나에게 물어 보겠습니다.

윤석이는 전체의 $\frac{3}{10}$ 만큼보다 더 마시고 싶었어요.

전체의 $\frac{3}{10}$ 만큼 드시랍니다.

겨우 그 만큼만?

그래서 전체의 0.3만큼 마시기로 했어요.

그럼 주스의 0.3만큼 드시지요.

전체의 $\frac{3}{10}$ 과 전체의 0.3을 비교해 볼까요?

응! 고마워! 역시 최고야~

예?!···예···

냉장고에 주스가 있어요. /

윤석이는 전체의 $\frac{3}{10}$을 마시려다가 전체의 0.3을 마시기로 했어요. /

전체의 $\frac{3}{10}$과 전체의 0.3을 비교해 볼까요?

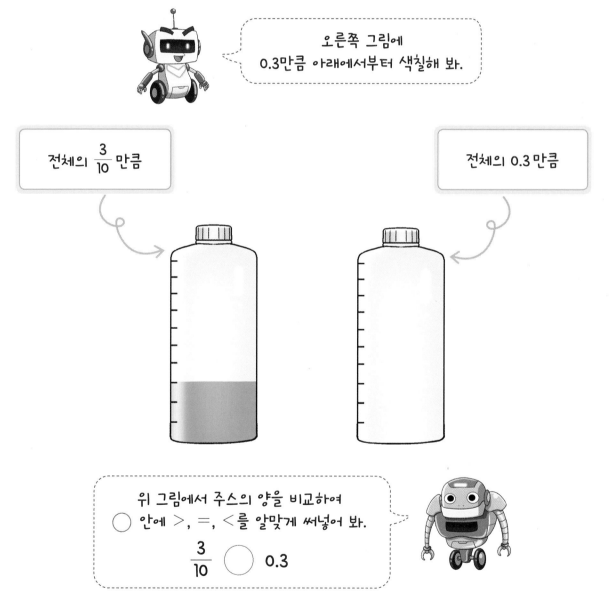

오른쪽 그림에
0.3만큼 아래에서부터 색칠해 봐.

전체의 $\frac{3}{10}$ 만큼

전체의 0.3 만큼

위 그림에서 주스의 양을 비교하여
◯ 안에 >, =, <를 알맞게 써넣어 봐.

$\frac{3}{10}$ ◯ 0.3

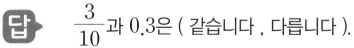

답 ▶ $\frac{3}{10}$과 0.3은 (같습니다 , 다릅니다).

{ 문제 해결력 기르기 }

① 남은 부분을 분수로 나타내기

선행 문제 해결 전략

분수로 나타낼 때에는
① **전체를 똑같이 나눈 수**와
② **구하려는 부분의 수**를 알아보자.

(예) 색칠하지 않은 부분을 분수로 나타내기

① 전체를 똑같이 나눈 수 : 3
② 색칠하지 않은 부분의 수 : 2

➡ $\dfrac{\text{(색칠하지 않은 부분의 수)}}{\text{(전체를 똑같이 나눈 수)}} = \dfrac{2}{3}$

선행 문제 ①

색칠하지 않은 부분을 분수로 나타내어 보세요.

(풀이) 전체를 똑같이 나눈 수 : ☐

색칠하지 않은 부분의 수 : ☐

➡ 색칠하지 않은 부분을 분수로

나타내기 : $\dfrac{☐}{☐}$

실행 문제 ①

떡을 똑같이 9조각으로 나누어 7조각을 먹었습니다. /
남은 떡은 전체의 몇 분의 몇인지 /
분수로 나타내어 보세요.

❶ 전체를 똑같이 나눈 조각 수 : ☐ 조각

(전략) (남은 조각 수)=(전체 조각 수)−(먹은 조각 수)

❷ 남은 조각 수 : 9−☐=☐(조각)

(전략) 분수로 나타내기 : $\dfrac{\text{(남은 조각 수)}}{\text{(전체를 똑같이 나눈 조각 수)}}$

❸ 남은 떡을 분수로 나타내기 : $\dfrac{☐}{☐}$

답 _____

쌍둥이 문제 1-1

피자를 똑같이 8조각으로 나누어 3조각을 먹었습니다. /
남은 피자는 전체의 몇 분의 몇인지 /
분수로 나타내어 보세요.

(실행 문제 따라 풀기)

❶

❷

❸

답 _____

② **수 카드로 조건에 맞는 수 만들기**

 예 수 카드 한 장을 골라 그 수를 분자로 하여 분모가 7인 분수 만들기

분모에 **7**을 쓰고
분자에 수 카드의 수를 써서
분수를 만들자.

분모가 7인 분수 만들기:

$\dfrac{2}{7}$, $\dfrac{3}{7}$, $\dfrac{4}{7}$

참고 분모가 같은 분수는 분자가 클수록 크다.

예 $\dfrac{2}{7} < \dfrac{3}{7}$

선행 문제 **②**

수 카드 한 장을 골라 그 수를 분자로 하여 분모가 5인 분수를 만들어 보세요.

풀이 분모에 5를 쓰고,

분자에 1, ☐, ☐을 써서 분수를 만든다.

➡ $\dfrac{1}{5}$, $\dfrac{\boxed{}}{5}$, $\dfrac{\boxed{}}{5}$

실행 문제 **②**

3장의 수 카드 중 한 장을 골라/
그 수를 분자로 하는 분모가 9인 분수 중 가장 큰 분수를 만들어 보세요.

❶ 분모가 9인 분수 중 가장 큰 분수를 만들려면 분자에 가장 (작은 , 큰) 수를 놓아야 한다.

❷ 수 카드의 수의 크기 비교하기:

전략 분자가 클수록 큰 분수이다.

❸ 분모가 9인 분수 중 가장 큰 분수 만들기:

$\dfrac{\boxed{}}{9}$

답 _____

쌍둥이 문제 **2-1**

3장의 수 카드 중 한 장을 골라/
그 수를 분자로 하는 분모가 7인 분수 중 가장 작은 분수를 만들어 보세요.

실행 문제 따라 풀기

❶

❷

❸

답 _____

{ 문제 **해결력** 기르기 }

③ 조건에 맞는 수 구하기

선행 문제 해결 전략

예) 1부터 9까지의 수 중에서 □ 안에 알맞은 수 구하기

$$\frac{1}{5} < \frac{1}{□} < \frac{1}{3}$$

단위분수일 때
분모가 작을수록 더 큰 수야.

① 분자가 **1**로 같으므로 단위분수이다.

② 분모의 크기를 비교한다.

→ **3**<□<**5**이므로

□ 안에 알맞은 수는 4이다.

선행 문제 ③

1부터 9까지의 수 중에서 □ 안에 알맞은 수를 모두 구해 보세요.

$$\frac{1}{9} < \frac{1}{□} < \frac{1}{6}$$

풀이) ① 분자가 1로 같다.

② 분모의 크기를 비교하면

6<□<□이므로 □ 안에 알맞은

수는 □, □이다.

실행 문제 ③

단위분수 중에서/

$\frac{1}{7}$보다 크고 $\frac{1}{4}$보다 작은 분수를

모두 구해 보세요.

❶ 단위분수는 분모가 (작을수록 , 클수록)
크다.

전략〉 분모가 4보다 크고 7보다 작은 단위분수를 구하자.

❷ $\frac{1}{7}$보다 크고 $\frac{1}{4}$보다 작은 단위분수:

$$\frac{1}{□} , \frac{1}{□}$$

답 _____

쌍둥이 문제 ③-1

단위분수 중에서/

$\frac{1}{6}$보다 크고 $\frac{1}{2}$보다 작은 분수를

모두 구해 보세요.

실행 문제 따라 풀기

❶

❷

답 _____

④ 소수의 크기를 비교하여 □ 안에 알맞은 수 구하기

선행 문제 해결 전략

예 1부터 9까지의 수 중에서 □ 안에 알맞은 수 구하기

$$\overset{\text{같다.}}{2.5} < 2.\boxed{}$$
$$\underset{5 < \boxed{}}{}$$

> 자연수 부분의 크기가 같을 때 소수 부분의 크기가 클수록 더 큰 수야.

① **자연수 부분의 크기가 같다.**

② **소수 부분의 크기를 비교한다.**

→ 5 < □이므로
□ 안에 알맞은 수는 **6, 7, 8, 9**이다.

선행 문제 ④

1부터 9까지의 수 중에서 □ 안에 알맞은 수를 모두 구해 보세요.

$$1.7 < 1.\boxed{}$$

풀이 ① 자연수 부분의 크기가
(같다 , 다르다).

② 소수 부분의 크기 비교하기 :

$$\boxed{} < \boxed{}$$이므로 □ 안에 알맞은
수는 $\boxed{}$, $\boxed{}$이다.

실행 문제 ④

1부터 9까지의 자연수 중에서/
□ 안에 알맞은 수를 모두 구해 보세요.

$$5.5 < 5.\boxed{} < 5.8$$

❶ 자연수 부분의 크기 비교하기 :
(같다 , 다르다).

❷ 소수 부분의 크기 비교하기 :

$$\boxed{} < \boxed{} < \boxed{}$$

전략 ❷에서 구한 □의 범위에 맞는 자연수를 찾자.

❸ □ 안에 알맞은 수 : $\boxed{}$, $\boxed{}$

답 _____

쌍둥이 문제 4-1

1부터 9까지의 자연수 중에서/
□ 안에 알맞은 수를 모두 구해 보세요.

$$4.1 < 4.\boxed{} < 4.5$$

실행 문제 따라 풀기

❶

❷

❸

답 _____

분수와 소수

6

135

{ 수학 사고력 키우기 }

😊 **남은 부분을 분수로 나타내기**　　　　　　　　　　🅒 연계학습 132쪽

대표 문제 ❶　진현이와 준영이는 초콜릿 한 개를 똑같이 8조각으로 나누어/
진현이는 3조각을 먹었고, 준영이는 2조각을 먹었습니다./
두 사람이 먹고 남은 초콜릿은 전체의 몇 분의 몇인가요?

🐻 **구하려는 것은?**　두 사람이 먹고 남은 초콜릿은 전체의 몇 분의 몇
....

🐻 **주어진 것은?**
- 전체 초콜릿 조각 수: 8조각
- 진현이가 먹은 초콜릿 조각 수: ☐조각
- 준영이가 먹은 초콜릿 조각 수: ☐조각

🐻 **해결해 볼까?**

❶ 진현이와 준영이가 먹고 남은 초콜릿은 몇 조각?

　　　　　　　　　　　　　　　　　　　　답 _____

❷ 두 사람이 먹고 남은 초콜릿은 전체의 몇 분의 몇?

[전략]　(❶에서 구한 먹고 남은 초콜릿 조각 수)　　　　답 _____
　　　　(전체를 똑같이 나눈 초콜릿 조각 수)

6

분수와 소수

136

쌍둥이 문제 1-1

미선이와 현중이는 식빵 한 개를 똑같이 10조각으로 나누어/
미선이는 4조각을 먹었고, 현중이는 5조각을 먹었습니다./
두 사람이 먹고 남은 식빵은 전체의 몇 분의 몇인가요?

😊 **대표 문제 따라 풀기**

❶

❷

　　　　　　　　　　　　　　　　　　　　　　답 _____

수 카드로 조건에 맞는 수 만들기

연계학습 133쪽

대표 문제 2 3장의 수 카드 중 한 장을 골라/
그 수를 분모로 하는 분자가 1인 분수 중 가장 큰 분수를 만들어 보세요.

구하려는 것은?
분자가 1인 분수 중 가장 큰 분수

어떻게 풀까?
1 분자가 1인 분수의 크기가 크려면 분모가 작아야 하는지 커야 하는지 알아본 후
2 수 카드의 수의 크기를 비교해 보고 가장 큰 분수를 만들어 보자.

해결해 볼까?
❶ 알맞은 말에 ◯표 하기

> 분자가 1인 분수는 분모가 (작을수록 , 클수록) 크다.

❷ 수 카드의 수의 크기를 비교하면?

답 $\square < \square < \square$

❸ 분자가 1인 분수 중 가장 큰 분수는?

답 _____

쌍둥이 문제 2-1

3장의 수 카드 중 한 장을 골라/
그 수를 분모로 하는 분자가 1인 분수 중 가장 작은 분수를 만들어 보세요.

대표 문제 따라 풀기

❶

❷

❸

답 _____

6

분수와 소수

137

{ 수학 사고력 키우기 }

☺ **조건에 맞는 수 구하기**

ⓒ 연계학습 134쪽

대표 문제 ③ 분모가 7인 분수 중에서/ $\frac{2}{7}$ 보다 크고 $\frac{6}{7}$ 보다 작은 분수는/ 모두 몇 개인가요?

🐻 **주어진 것은?**

• 분모: 7

• $\frac{2}{7}$ 보다 크고 $\frac{\square}{7}$ 보다 작은 분수

☺ **해결해 볼까?**

❶ 알맞은 말에 ○표 하기

> 분모가 같은 분수는 분자가 (작을수록 , 클수록) 크다.

❷ 분모가 7인 분수 중에서 $\frac{2}{7}$ 보다 크고 $\frac{6}{7}$ 보다 작은 분수를 모두 구하면?

답 _____

❸ 위 ❷에서 구한 분수는 모두 몇 개?

답 _____

쌍둥이 문제 3-1

분모가 8인 분수 중에서/ $\frac{3}{8}$ 보다 크고 $\frac{7}{8}$ 보다 작은 분수는/ 모두 몇 개인가요?

☺ **대표 문제 따라 풀기**

❶

❷

❸

답 _____

소수의 크기를 비교하여 □ 안에 알맞은 수 구하기

연계학습 135쪽

대표 문제 4 1부터 9까지의 자연수 중에서／ □ 안에 알맞은 수를 모두 구해 보세요.

$$5.8 < \square.4 < 8.6$$

구하려는 것은? □ 안에 알맞은 수

어떻게 풀까?

1 $5.8 < \square.4$의 □ 안에 알맞은 수를 모두 구하고,

2 위 1에서 찾은 자연수 중에서 $\square.4 < 8.6$의 □ 안에 알맞은 수를 모두 구하자.

해결해 볼까?

❶ $5.8 < \square.4$의 □ 안에 알맞은 수를 모두 구하면?

전략 소수 부분을 비교하여 □ 안에 알맞은 수를 찾자. 답 _____

❷ 위 ❶에서 찾은 수 중에서 $\square.4 < 8.6$의 □ 안에 알맞은 수를 모두 구하면?

전략 ❶에서 찾은 수를 □ 안에 차례로 넣어 보자. 답 _____

❸ $5.8 < \square.4 < 8.6$의 □ 안에 알맞은 수를 모두 구하면?

답 _____

쌍둥이 문제 4-1

1부터 9까지의 자연수 중에서／ □ 안에 알맞은 수를 모두 구해 보세요.

$$6.1 < \square.5 < 9.7$$

대표 문제 따라 풀기

❶

❷

❸

답 _____

6

분수와 소수

139

{ 수학 독해력 완성하기 }

🙂 소수로 나타내기

독해 문제 1

끈 1 m를 똑같이 10조각으로 나누어 그중 6조각을 사용했습니다. /
사용한 끈의 길이는 몇 m인지 소수로 나타내어 보세요.

1 m

🙂 해결해 볼까?

❶ 사용한 끈의 길이를 분수로 나타내면 몇 m?

답 _____

❷ 위 ❶에서 구한 길이를 소수로 나타내면 몇 m?

답 _____

🙂 몇 cm로 나타내어 길이 비교하기

독해 문제 2

미술 시간에 사용한 철사의 길이가 /
상현이는 10.5 cm였고, 민주는 9 cm 7 mm였습니다. /
철사를 더 많이 사용한 사람은 누구인가요?

🙂 해결해 볼까?

❶ 민주가 사용한 철사의 길이를 cm 단위로 나타내면?

전략 1 mm＝0.1 cm임을 이용하자.

답 _____

❷ 상현이와 민주가 사용한 철사의 길이를 비교하면?

전략 10.5 cm와 ❶에서 구한 길이를 비교하자.

답 10.5 cm ◯ ☐ cm

❸ 철사를 더 많이 사용한 사람은?

답 _____

전체의 분수만큼 구하기

독해 문제 3

현주네 가족은 케이크를 똑같이 8조각으로 나누어/ 전체의 $\frac{3}{4}$만큼 먹었습니다./
현주네 가족이 먹은 케이크는 몇 조각인가요?

해결해 볼까?

❶ 케이크를 똑같이 8조각으로 나누었을 때 전체의 $\frac{1}{4}$만큼
색칠해 보고 몇 조각인지 구하면?

답 _____

❷ $\frac{3}{4}$은 $\frac{1}{4}$이 몇 개?

답 _____

❸ 현주네 가족이 먹은 케이크는 몇 조각?

답 _____

수 카드로 조건에 맞는 수 만들기

ⓒ 연계학습 137쪽

독해 문제 4

3장의 수 카드 중 2장을 골라 한 번씩만 사용하여/ 소수 ■.▲를 만들려고 합니다./
만들 수 있는 소수 중에서 가장 큰 수를 구해 보세요.

[1] [5] [7]

해결해 볼까?

❶ 알맞은 기호에 ○표 하기

> 가장 큰 소수 ■.▲를 만들려면 가장 큰 수를 (■ , ▲)에 놓고,
> 두 번째로 큰 수를 (■ , ▲)에 놓아야 한다.

❷ 수 카드의 수의 크기를 비교하면?

답 _____ ☐ > ☐ > ☐

❸ 만들 수 있는 소수 중에서 가장 큰 수는?

답 _____

{ 수학 독해력 완성하기 }

😊 **남은 부분을 분수로 나타내기**

독해 문제 5

유진이는 도화지 한 장을 똑같이 나누어 전체의 $\dfrac{3}{10}$에 빨간색을 칠하고, /

전체의 0.2에 노란색을 칠하였습니다. /

나머지 부분에 모두 파란색을 칠하였다면/ 가장 넓은 부분을 칠한 색은 무슨 색인가요?

😊 **구하려는 것은?**   가장 넓은 부분을 칠한 색

🐻 **주어진 것은?**
- 빨간색을 칠한 부분: 전체의 $\dfrac{\boxed{}}{10}$
- 노란색을 칠한 부분: 전체의 $\boxed{}$
- 파란색을 칠한 부분: 나머지 부분

😊 **어떻게 풀까?**
1️⃣ 노란색을 칠한 부분을 분수로 나타내어 보고
2️⃣ 파란색을 칠한 부분은 전체의 몇 분의 몇인지 구한 다음
3️⃣ 분수의 크기를 비교하여 가장 넓은 부분을 칠한 색을 구하자.

😊 **해결해 볼까?**

❶ 노란색을 칠한 부분은 전체의 몇 분의 몇인지 분수로 나타내어 보면?

답 _____

❷ 파란색을 칠한 부분은 전체의 몇 분의 몇인지 분수로 나타내어 보면?

전략 ▷ 빨간색과 노란색을 칠하고 남은 부분을 분수로 나타내어 보자.

답 _____

❸ 가장 넓은 부분을 칠한 색은?

답 _____

☺ 조건에 맞는 수 구하기   ⓒ 연계학습 138쪽

독해 문제
6

〔조건〕에 맞는 분수를 모두 구해 보세요.

〔조건〕
· 분모가 10입니다.
· 0.3보다 큰 수입니다.
· $\frac{1}{10}$이 8개인 수보다 작은 수입니다.

구하려는 것은?   〔조건〕에 맞는 분수

주어진 것은?   · 분모: ☐

· 0.3보다 (작은 , 큰) 수

· $\frac{1}{10}$이 8개인 수보다 (작은 , 큰) 수

어떻게 풀까?   ■ 0.3을 분수로 나타내고, $\frac{1}{10}$이 8개인 수를 분수로 나타낸 다음

■ 조건에 맞는 분수를 모두 찾아보자.

해결해 볼까?   ....

❶ 0.3을 분수로 나타내어 보면?

답 _____

❷ $\frac{1}{10}$이 8개인 수를 분수로 나타내어 보면?

답 _____

❸ 분모가 10인 분수 중 ❶에서 구한 분수보다 크고 ❷에서 구한 분수보다
작은 수를 모두 구하면?

답 _____

6

분수와 소수

143

STEP 4 { 창의·융합·코딩 체험하기 }

[융합 ① ~ ③] 다영이는 여러 나라 국기를 조사하였습니다./ 물음에 답해 보세요.

인도네시아	이탈리아	모리셔스	오스트리아

 ① 전체를 똑같이 4로 나눈 나라의 국기는 어느 나라 국기인가요?

답 _____

융합 ② 다영이가 가고 싶은 나라의 국기에 대한 설명입니다./
다영이가 가고 싶은 나라는 어느 나라인가요?

> 내가 가고 싶은 나라의 국기는 빨간색 부분이 전체의 $\frac{2}{3}$야.

다영

답 _____

 ③ 이탈리아와 모리셔스 국기 중에서/ 초록색 부분이 더 넓은 국기는 어느 나라 국기인가요?
(단, 4개 나라 국기의 크기는 모두 같습니다.)

답 _____

6

분수와 소수

4 음악에서 음표는 다음과 같이 음의 길이를 나타냅니다.
음의 길이가 가장 짧은 것을 찾아 ◯표 하세요.

음표	♩	♪	♬
이름	4분음표	8분음표	16분음표
음의 길이	1박	$\frac{1}{2}$박	$\frac{1}{4}$박

♩ ♪ ♬

(　　　)　　(　　　)　　(　　　)

 5 오늘 아침 일기예보의 예상 비의 양이 다음과 같았습니다.
비가 가장 많이 올 것으로 예상되는 지역의
예상 비의 양은 몇 cm인지 소수로 나타내어 보세요.

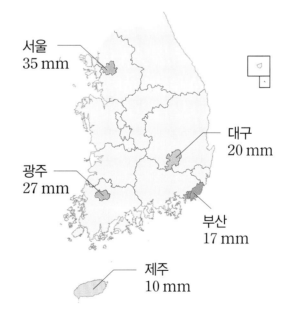

서울
35 mm

대구
20 mm

광주
27 mm

부산
17 mm

제주
10 mm

답 _____

{ 창의·융합·코딩 체험하기 }

창의 6 정사각형 4개로 이루어진 도형을 테트로미노라고 합니다./
테트로미노는 ㉠~㉤과 같이 5종류가 있습니다./

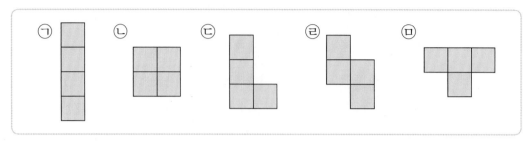

부분이 [보기]와 같을 때 전체에 알맞은 모양을 모두 찾아 기호를 쓰고,/
[보기]의 부분의 양을 분수로 나타내어 보세요.

┌─[보기]─────────────────┐
│   │
│   (그림)   │
│   │
│ 전체를 똑같이 4로 나눈 것 중의 3 │
└─────────────────────────┘

기호▶ _____

분수▶ _____

창의 7 재민이네 가족은 휴지를 사러 마트에 갔습니다./
1장당 판매 가격이 가장 저렴한 것을 사려면/ 어떤 휴지를 사야 하는지 기호를 써 보세요.

㉠ 1장당 6.9원   ㉡ 1장당 7.3원   ㉢ 1장당 6.5원

답▶ _____

코딩 **8** 다음은 주어진 수가 $\dfrac{4}{10}$ 보다 큰지 알아보는 순서도입니다./

0.5를 넣으면 무엇이 인쇄되어 나오나요?

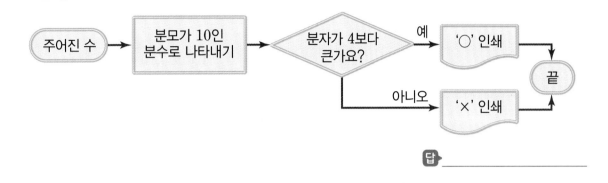

답 _____

6

분수와 소수

147

코딩 **9** 〔약속〕에 따라 분수가 변할 때/ ㉠에 들어갈 분수를 구해 보세요.

〔약속〕
→ : 분모가 2만큼 더 커집니다.
← : 분모가 3만큼 더 작아집니다.
↓ : 분자가 2만큼 더 커집니다.

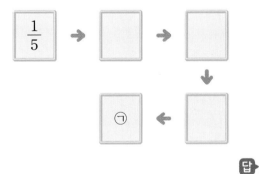

답 _____

길이를 소수로 나타내기

1 잘못 나타낸 것을 찾아 기호를 써 보세요.

> ㉠ 42 mm = 4.2 cm ㉡ 10 cm 7 mm = 17 cm

풀이 ▶

답 _____

수의 크기 비교하기

2 더 큰 수를 찾아 기호를 써 보세요.

> ㉠ 3과 0.8만큼인 수 ㉡ 0.1이 33개인 수

풀이 ▶

답 _____

남은 부분을 분수로 나타내기 132쪽

3 은주는 케이크를 똑같이 8조각으로 나누어 2조각을 먹었습니다. 은주가 먹고 남은 케이크는 전체의 몇 분의 몇인지 분수로 나타내어 보세요.

풀이 ▶

답 _____

소수의 크기 비교하기

4 선영이와 진욱이의 이번 달 용돈은 같습니다. 선영이는 이번 달 용돈의 0.7만큼, 진욱이는 용돈의 0.9만큼 사용하였습니다. 용돈을 더 많이 사용한 사람은 누구인가요?

 풀이

 답

소수로 나타내기 ⌒140쪽

5 끈 1 m를 똑같이 10조각으로 나누어 그중 8조각을 사용했습니다. 사용한 끈의 길이는 몇 m인지 소수로 나타내어 보세요.

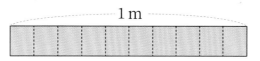

 풀이

 답

분수의 크기 비교하기

6 똑같은 주스를 1병씩 사서 연수는 $\frac{1}{4}$병, 민우는 $\frac{1}{5}$병, 은재는 $\frac{1}{8}$병만큼 마셨습니다. 주스를 가장 많이 마신 사람은 누구인가요?

 풀이

 답

분수와 소수

149

{ 실전 **마무리** 하기 }

분수와 소수의 크기 비교하기

7 선물을 포장할 끈을 현성이는 1.2 m, 민서는 $\dfrac{5}{10}$ m, 재영이는 0.9 m 가지고 왔습니다. 가장 짧은 끈을 가지고 온 사람은 누구인가요?

풀이

답 _____

수 카드로 조건에 맞는 수 만들기 ⌒133쪽

8 3장의 수 카드 중 한 장을 골라 그 수를 분자로 하여 분모가 6인 분수 중 가장 큰 분수를 만들어 보세요.

풀이

답 _____

전체의 분수만큼 구하기 ⌒141쪽

9 미정이는 떡을 똑같이 12조각으로 나누어 전체의 $\dfrac{2}{6}$만큼 먹었습니다. 미정이가 먹은 떡은 몇 조각인가요?

풀이

답 _____

소수의 크기를 비교하여 ☐ 안에 알맞은 수 구하기 ↻139쪽

10 1부터 9까지의 자연수 중에서 ☐ 안에 알맞은 수를 모두 구해 보세요.

$$3.3 < \boxed{}.1 < 7.4$$

풀이

답 _____

남은 부분을 분수로 나타내기 ↻142쪽

11 피자 한 판을 똑같이 나누어 영재는 전체의 $\frac{2}{10}$를 먹었고, 미선이는 전체의 0.5를 먹었습니다.

준하가 남은 피자를 모두 먹었다면 피자를 가장 많이 먹은 사람은 누구인가요?

풀이

답 _____

조건에 맞는 수 구하기 ↻143쪽

12 [조건]에 맞는 분수를 모두 구해 보세요.

┌[조건]─────────────────
│ • 분모가 10입니다.
│ • 0.1이 6개인 수보다 큰 수입니다.
│ • $\frac{1}{10}$이 9개인 수보다 작은 수입니다.
└────────────────────────

풀이

답 _____

MEMO

수학도 독해가 힘이다

정답과 풀이

초등 수학 3-1

천재교육

정답과 풀이
포인트 **3**가지

▶ 혼자서도 이해할 수 있는 친절한 문제 풀이

▶ 문제 해결에 꼭 필요한 핵심 전략 제시

▶ 문제 분석과 쌍둥이 문제로 수학 독해력 완성

수학도 **독해가 힘이다** 3·1

정답과 자세한 풀이

{ CONTENTS }

1 덧셈과 뺄셈

STEP 1 문제 해결력 기르기 6~11쪽

선행 문제 1
(1) +, 277
(2) −, 740

실행 문제 1
❶ 덧셈식에 ○표
❷ 234, 589
답▶ 589개

쌍둥이 문제 1-1
241권

선행 문제 2
(1) 187, 221
(2) 334, 1001

실행 문제 2
❶ 158
❷ 158, 605
답▶ 605

쌍둥이 문제 2-1
691

선행 문제 3
(1) −, 543
(2) +, 455

실행 문제 3
❶ 300
❷ 300, 155
답▶ 155 cm

쌍둥이 문제 3-1
186 cm

선행 문제 4
(1) 3, 1, 931
(2) 3, 9, 139

실행 문제 4
❶ 632
❷ 236
❸ 632, 236, 868
답▶ 868

쌍둥이 문제 4-1
495

선행 문제 5
(1) 527
(2) 760

실행 문제 5
❶ 337, 256
❷ 256
❸ 255
답▶ 255

쌍둥이 문제 5-1
346

선행 문제 6
3, 1, 4 /
208, 106(또는 106, 208)

실행 문제 6
❶ 416, 784(또는 784, 416)
❷ 416, 784, 1200
  (또는 784, 416, 1200)
답▶ 416, 784
  (또는 784, 416)

쌍둥이 문제 6-1
525, 609
(또는 609, 525)

STEP 2 수학 사고력 키우기 12~17쪽

대표 문제 1
구 어린이
주 212, 105
❶ 107명
❷ 319명

쌍둥이 문제 1-1
597점

대표 문제 2
구 세
❶ 546+□=934
❷ 388

쌍둥이 문제 2-1
811

대표 문제 3
구 라
❶
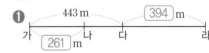
❷ 837 m   ❸ 576 m

쌍둥이 문제 3-1
115 m

대표 문제 4
구 합
❶ 850   ❷ 508   ❸ 1358

쌍둥이 문제 4-1
333

대표 문제 5
구 작은
❶ 268   ❷ ■ > 268
❸ 269

쌍둥이 문제 **5-1**

157

대표 문제 **6**

구 167

❶ 217 /
652, 465(또는 465, 652)

❷ 217, 167 / 652, 465, 187

❸ 384, 217

쌍둥이 문제 **6-1**

835, 601

3 STEP 수학 독해력 완성하기 〔18~21쪽〕

독해 문제 **1**

구 더한에 ◯표

주 354

❶ □−247=354

❷ 601   ❸ 848

독해 문제 **2**

주 175, 259, 614

❶ 355명

❷ 530명

독해 문제 **3**

구 200

주 534

❶ 100, 500

❷ 395, 586

❸ 586−395=191

독해 문제 **4**

구 큰에 ◯표

❶ 196

❷ 작아야에 ◯표

❸ ■<196

❹ 195

4 STEP 창의·융합·코딩 체험하기 〔22~25쪽〕

융합 **①**

88명

코딩 **②**

(1) 144

(2) 378

창의 **③**

1246점

창의 **④**

㉠에 ◯표, 165

코딩 **⑤**

(1) 184마리

(2) 16번

융합 **⑥**

444명

융합 **⑦**

187, 842

종합 평가 실전 마무리하기 〔26~29쪽〕

1 958

2 883장

3 288

4 657 m

5 702

6 193

7 496, 457

8 287

9 480원

10 725−414=311

2 평면도형

1 STEP 문제 해결력 기르기 〔32~37쪽〕

선행 문제 **1**

4

실행 문제 **1**

❶ ⑥ / 2
④, ⑤ / 4

❷ 4, 2, 2

답 2개

쌍둥이 문제 **1-1**

2개

선행 문제 **2**

(1) 한

(2) 네

(3) 직각, 네

실행 문제 **2**

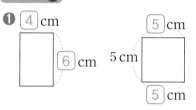

/ 예 직사각형은 네 변의 길이가 모두 같지 않지만 정사각형은 네 변의 길이가 모두 같다.

쌍둥이 문제 **2-1**

❶ 예 직사각형과 정사각형 모두 변이 4개씩 있다.

❷ 예 직사각형과 정사각형 모두 직각이 4개씩 있다.

선행 문제 **3**

(1) 4

(2) 2

빠른 정답

실행 문제 ❸

❶

❷ 5
답 5개

쌍둥이 문제 3-1

6개

선행 문제 ❹

(1) 18, 18, 9
(2) 28, 28, 7

실행 문제 ❹

❶ 5 / 5, 7
❷ 7, 5, 2
답 2

쌍둥이 문제 4-1

2

선행 문제 ❺

(1) 3
(2) 2
(3) 1

실행 문제 ❺

❶ 4, 4, 1
❷ 9
답 9개

쌍둥이 문제 5-1

12개

선행 문제 ❻

실행 문제 ❻

❶ 13
❷ 13, 13, 44
답 44 cm

쌍둥이 문제 6-1

34 cm

2 STEP 수학 사고력 키우기 38~43쪽

대표 문제 ❶

구 차
❶ 1개, 8개
❷ 7개

쌍둥이 문제 1-1

4개

대표 문제 ❷

구 이름
❶ 사각형
❷ 직사각형
❸ 정사각형

쌍둥이 문제 2-1

직각삼각형

대표 문제 ❸

구 직각
❶ 5개, 3개
❷ 가

쌍둥이 문제 3-1

나

대표 문제 ❹

구 세로에 ○표
❶ 16 cm
❷ 16 cm
❸ 3

쌍둥이 문제 4-1

5

대표 문제 ❺

구 직각삼각형
❶ 4개
❷ 4개
❸ 8개

쌍둥이 문제 5-1

5개

대표 문제 ❻

구 길이
❶ (위에서부터) 10, 15
❷ 50 cm

쌍둥이 문제 6-1

62 cm

3 STEP 수학 독해력 완성하기 44~47쪽

독해 문제 ❶

구 정사각형
주 같은에 ○표, 7, 5
❶ 24 cm
❷ 24 cm
❸ 6 cm

독해 문제 2

구 합

주 2, 10

❶ 5 cm

❷ 15 cm

❸ 50 cm

독해 문제 3

구 길이

주 2, 4

❶ (위에서부터) 24, 10

❷ 68 cm

독해 문제 4

구 작은에 ◯표

주 5, 14

❶ 9 cm

❷ 4 cm

❸ 16 cm

4 STEP 창의·융합·코딩 **체험**하기 48~51쪽

창의 ①

6개

창의 ②

예
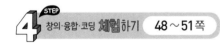
/ 예 4개, 예 3개

창의 ③
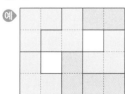
/ 8개

창의 ④

8개

코딩 ⑤

(위에서부터) 4, 2

코딩 ⑥

(위에서부터) 2, 3, 1

코딩 ⑦
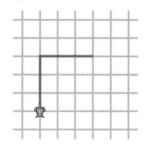

코딩 ⑧
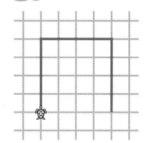

종합 평가 실전 **마무리**하기 52~55쪽

1 6 cm

2 24 cm

3 7 cm

4 4개

5 정사각형

6 나

7 2

8 100 cm

9 50 cm

10 11개

3 나눗셈

1 STEP 문제 **해결력** 기르기 58~61쪽

선행 문제 ①

⑴ 2, 2, 9

⑵ 5, 5, 3

실행 문제 ①

❶ ÷에 ◯표

❷ 8, 5

답 5개

쌍둥이 문제 **1-1**

8개

선행 문제 ②

① 4, 36

② 36, 4

실행 문제 ②

❶ 8, 24

❷ 24, 4

답 4자루

쌍둥이 문제 **2-1**

3개

선행 문제 ③

2, 3 / 많다에 ◯표

실행 문제 ③

❶
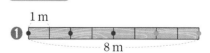

❷ 5, 4, 1

답 +

쌍둥이 문제 **3-1**

예 (점의 수)
=(점 사이의 간격 수)+1

선행 문제 4

① 56   ② 36   ③ 63

실행 문제 4

❶ 12, 13, 21, 23, 31, 32
❷ 12, 32
답 12, 32

쌍둥이 문제 4-1

16, 56

2 STEP 수학 사고력 키우기   62~65쪽

대표 문제 1

구 차에 ◯표
주 54, 6
❶ 8권, 9권
❷ 1권

쌍둥이 문제 1-1

2자루

대표 문제 2

주 5, 7
❶ 54개
❷ 49개
❸ 7개

쌍둥이 문제 2-1

6개

대표 문제 3

구 한쪽에 ◯표
주 40, 5
❶ 8군데
❷ 9그루

쌍둥이 문제 3-1

7개

대표 문제 4

구 9
❶ 27, 24, 72, 74, 42, 47
❷ 27, 72

쌍둥이 문제 4-1

20, 10

3 STEP 수학 독해력 완성하기   66~69쪽

독해 문제 1

❶ 56송이
❷ 63송이
❸ 7송이

독해 문제 2

❶ 3개
❷ 5개
❸ 15개

독해 문제 3

❶ □÷6=2
❷ 12
❸ 4

독해 문제 4

❶ 4단
❷ 2, 6
❸ 6

독해 문제 5

구 양쪽에 ◯표
주 35, 7
❶ 5군데
❷ 6개
❸ 12개

독해 문제 6

주 18
❶ 3, 4, 5
❷ 3번
❸ 6분

4 STEP 창의·융합·코딩 체험하기   70~73쪽

융합 1

2, 2, 2 / 3

융합 2

7, 7, 7, 7, 7 / 5

창의 3

9 cm

창의 4

4, 5, 8, 9

코딩 5

4

코딩 6

8

코딩 7

5

창의 8

종합 평가 실전 마무리 하기   74~77쪽

1 6개
2 3개
3 2개
4 5번
5 1 cm
6 5개
7 10개
8 24, 42, 12
9 3
10 5분

4 곱셈

1 STEP 문제 해결력 기르기 80~85쪽

선행 문제 1
(1) ×, 60
(2) ×, 88
(3) ×, 60

실행 문제 1
❶ 곱셈식에 ○표
❷ ×, 39
답▶ 39개

쌍둥이 문제 1-1
46번

선행 문제 2
(1) 40, ㉡
(2) 120, ㉠

실행 문제 2
❶ ×, 80
❷ 80, >, 사탕에 ○표
답▶ 사탕

쌍둥이 문제 2-1
파란색 공

선행 문제 3
10, 30

실행 문제 3
❶ 1, 9, 19
❷ 19, 76
답▶ 76송이

쌍둥이 문제 3-1
165권

선행 문제 4
(1) 4, 16, 4, 12
(2) 2, 14, 2, 16

실행 문제 4
❶ 5, 17
❷ 5, 12
❸ 12, 60
답▶ 60

쌍둥이 문제 4-1
156

선행 문제 5
(1) 5, 5
(2) 4, 4, 9, 9

실행 문제 5
❶ 2, 2, 7, 14, 7
❷ 2, 7
답▶ 7

쌍둥이 문제 5-1
8

실행 문제 6
❶ 8, 6, 5
❷ 6, 5, 8, 520
답▶ 520

쌍둥이 문제 6-1
94

2 STEP 수학 사고력 키우기 86~91쪽

대표 문제 1
주 4, 5
❶ 60개
❷ 55개

쌍둥이 문제 1-1
119개

대표 문제 2
주 6, 5
❶ 96개
❷ 100개
❸ 귤

쌍둥이 문제 2-1
4학년

대표 문제 3
주 30, 7
❶ 23개
❷ 184개

쌍둥이 문제 3-1
203개

대표 문제 4
❶ $5 \times \square = 40$
❷ 8
❸ 120

쌍둥이 문제 4-1
297

대표 문제 5
❶ 5
❷ 10
❸ 2

쌍둥이 문제 5-1
3

대표 문제 6
❶ 9, 7, 4, 2
❷ ㉢
❸ 7, 4, 9 / 666

쌍둥이 문제 6-1

171

---

3 STEP 수학 독해력 완성하기 92~95쪽

독해 문제 1

주 12, 2, 3

❶ 24장

❷ 72장

독해 문제 2

주 7, 63 / 13

❶ 7×□=63

❷ 9칸

❸ 117권

독해 문제 3

❶ 114

❷ 0, 1, 2

❸ 3개

독해 문제 4

주 29, 4, 4

❶ 116 cm

❷ 3군데

❸ 12 cm

❹ 104 cm

---

4 STEP 창의·융합·코딩 체험하기 96~99쪽

융합 1

140개

창의 2

코끼리

창의 3

78살

융합 4

42

융합 5

320

창의 6

135 cm

코딩 7

(1) ○

(2) ×

코딩 8

51

코딩 9

192

종합 평가 실전 마무리 하기 100~103쪽

1 160권

2 220

3 62개

4 윤서

5 189권

6 168자루

7 204

8 65개

9 7

10 224

---

5 길이와 시간

1 STEP 문제 해결력 기르기 106~111쪽

선행 문제 1

(1) 90, 94

(2) 50, 5

실행 문제 1

❶ 105

❷ 105, >, 파란

답 파란색

쌍둥이 문제 1-1

연필

선행 문제 2

9, 6 / 1, 2

실행 문제 2

❶ 2, 3

❷ (위에서부터) 2, 3 / 5, 9

답 5 cm 9 mm

쌍둥이 문제 2-1

9 cm 9 mm

선행 문제 3

(1) 뺄셈에 ○표, ─

(2) 덧셈에 ○표, +

실행 문제 3

❶ 60, 1

❷ (위에서부터) 1, 40 / 5, 31, 50

답 5시 31분 50초

쌍둥이 문제 3-1

2시 12분 50초

선행 문제 4

2, 20

실행 문제 4

❶ 4, 20, 10 / 5, 40, 20
❷ (위에서부터) 5, 40, 20 /
4, 20, 10 / 1, 20, 10
답 1시간 20분 10초

쌍둥이 문제 4-1

1시간 5분 10초

선행 문제 5

(위에서부터) 50, 20, 10

실행 문제 5

❶ 40, 10
❷ 10, 10, 10, 10
답 오전 10시 10분

다르게 풀기

❶ 10, 50
❷ 50, 10, 10
답 오전 10시 10분

선행 문제 6

12, 19 / 19, 13

실행 문제 6

❶ 18
❷ (위에서부터) 18 / 12, 9, 8
답 12시간 9분 8초

쌍둥이 문제 6-1

14시간 14분 50초

2 STEP 수학 사고력 키우기 112~117쪽

대표 문제 1

주 100, 2010
❶ 2100 m
❷ 공원

쌍둥이 문제 1-1

수민이네 집

대표 문제 2

❶ 6 km 500 m
❷ ㉠ 길
❸ 2 km 470 m

쌍둥이 문제 2-1

1 km 190 m

대표 문제 3

주 20 / 1, 15
❶ 전에 ◯표
❷ 4시 5분

쌍둥이 문제 3-1

1시 30분 10초

대표 문제 4

❶ 45분
❷ 35분
❸ 아린

쌍둥이 문제 4-1

유찬

대표 문제 5

❶ 오후 5시 15분 25초
❷ 오후 5시 30분 25초
❸ 오후 6시 22분 55초

쌍둥이 문제 5-1

오후 2시 36분 20초

대표 문제 6

❶ 19시 20분 50초
❷ 14시간 8분 20초
❸ 9시간 51분 40초

쌍둥이 문제 6-1

13시간 24분 50초

3 STEP 수학 독해력 완성하기 118~121쪽

독해 문제 1

주 20, 52
❶ 32분
❷ 꽃 그리기

독해 문제 2

구 ㉡
주 400, 4200, 300
❶ 4 km 200 m
❷ 14 km 600 m
❸ 5 km 300 m

독해 문제 3

주 11, 50 / 25 / 11, 15, 45
❶ 오전 11시 25분
❷ 9분 15초 후

독해 문제 4

주 10, 10, 7
❶ 70초
❷ 1분 10초
❸ 오전 9시 58분 50초

STEP 4 창의·융합·코딩 체험하기 122~125쪽

융합 ①
25분 40초

융합 ②
(1) m에 ○표
(2) km에 ○표

창의 ③
15분 30초

창의 ④
27분

코딩 ⑤
(1) 초록색
(2) 빨간색

창의 ⑥
2 km 400 m

창의 ⑦
2 km 800 m

종합 평가 실전 마무리하기 126~129쪽

1 43 mm

2 희민

3 2 km 200 m

4 5시 35분

5 2시 15분 20초

6 25 cm 3 mm

7 5 km 240 m

8 5시 20분

9 원용

10 10시간 17분 50초

---

6 분수와 소수

STEP 1 문제 해결력 기르기 132~135쪽

선행 문제 ①
$5, 2, \dfrac{2}{5}$

실행 문제 ①
❶ 9
❷ 7, 2
❸ $\dfrac{2}{9}$
답 $\dfrac{2}{9}$

쌍둥이 문제 1-1
$\dfrac{5}{8}$

선행 문제 ②
2, 3, 2, 3

실행 문제 ②
❶ 큰에 ○표
❷ 7, 6, 5
❸ 7
답 $\dfrac{7}{9}$

쌍둥이 문제 2-1
$\dfrac{3}{7}$

선행 문제 ③
9, 7, 8

실행 문제 ③
❶ 작을수록에 ○표
❷ 6, 5 (또는 5, 6)
답 $\dfrac{1}{6}, \dfrac{1}{5}$

쌍둥이 문제 3-1
$\dfrac{1}{5}, \dfrac{1}{4}, \dfrac{1}{3}$

선행 문제 ④
같다에 ○표 / 7, 8, 9

실행 문제 ④
❶ 같다에 ○표
❷ 5, 8
❸ 6, 7
답 6, 7

쌍둥이 문제 4-1
2, 3, 4

STEP 2 수학 사고력 키우기 136~139쪽

대표 문제 ①
주 3, 2
❶ 3조각
❷ $\dfrac{3}{8}$

쌍둥이 문제 1-1
$\dfrac{1}{10}$

대표 문제 ②
❶ 작을수록에 ○표
❷ 5, 6, 7
❸ $\dfrac{1}{5}$

쌍둥이 문제 2-1
$\dfrac{1}{7}$

대표 문제 3

주 6

❶ 클수록에 ○표

❷ $\dfrac{3}{7}$, $\dfrac{4}{7}$, $\dfrac{5}{7}$

❸ 3개

쌍둥이 문제 3-1

3개

대표 문제 4

❶ 6, 7, 8, 9

❷ 6, 7, 8

❸ 6, 7, 8

쌍둥이 문제 4-1

6, 7, 8, 9

3 STEP 수학 독해력 완성하기 140∼143쪽

독해 문제 1

❶ $\dfrac{6}{10}$ m

❷ 0.6 m

독해 문제 2

❶ 9.7 cm

❷ >, 9.7

❸ 상현

독해 문제 3

❶ 예

, 2조각

❷ 3개

❸ 6조각

독해 문제 4

❶ ■에 ○표,
  ▲에 ○표

❷ 7, 5, 1

❸ 7.5

독해 문제 5

주 3, 0.2

❶ $\dfrac{2}{10}$

❷ $\dfrac{5}{10}$

❸ 파란색

독해 문제 6

주 10,
  큰에 ○표,
  작은에 ○표

❶ $\dfrac{3}{10}$

❷ $\dfrac{8}{10}$

❸ $\dfrac{4}{10}$, $\dfrac{5}{10}$, $\dfrac{6}{10}$, $\dfrac{7}{10}$

4 STEP 창의·융합·코딩 체험하기 144∼147쪽

융합 1

모리셔스

융합 2

오스트리아

융합 3

이탈리아

융합 4

( )( )(○)

창의 5

3.5 cm

창의 6

㉠, ㉢, ㉤ / $\dfrac{3}{4}$

창의 7

㉢

코딩 8

○

코딩 9

$\dfrac{3}{6}$

종합 평가 실전 마무리 하기 148∼151쪽

1 ㉡

2 ㉠

3 $\dfrac{6}{8}$

4 진욱

5 0.8 m

6 연수

7 민서

8 $\dfrac{5}{6}$

9 4조각

10 4, 5, 6, 7

11 미선

12 $\dfrac{7}{10}$, $\dfrac{8}{10}$

정답과 자세한 풀이

1 덧셈과 뺄셈

FUN한 이야기   4~5쪽

522
137, 385
907

1 STEP 문제 해결력 기르기   6~11쪽

선행 문제 1

(1) +, 277
(2) −, 740

실행 문제 1

❶ 덧셈식에 ○표
❷ 234, 589

     답 589개

쌍둥이 문제 1-1

❶ [전략] '~보다 더 적게'에 알맞은 식을 정하자.
위인전은 동화책보다 더 적게 있으므로 뺄셈식을 세워야 한다.
❷ [전략] (동화책의 수)−103
(위인전의 수)=344−103
　　　　　　　=241(권)

     답 241권

선행 문제 2

(1) 187, 221
(2) 334, 1001

실행 문제 2

❶ 158

참고 | 어떤 수에 158을 더했더니 763이 되었습니다.

(어떤 수)	+158	=763

❷ 158, 605

     답 605

쌍둥이 문제 2-1

❶ [전략] 문장에 알맞은 뺄셈식을 세우자.
(어떤 수)−264=427
❷ [전략] 덧셈과 뺄셈의 관계를 이용하여 어떤 수를 구하자.
(어떤 수)=427+264=691

     답 691

선행 문제 3

(1) −, 543
(2) +, 455

실행 문제 3

❶ 300
❷ 300, 155

     답 155 cm

쌍둥이 문제 3-1

❶ [전략] 답을 몇 cm로 구해야 하므로 5 m를 cm 단위로 고치자.
(가~다)의 거리=5 m=500 cm
❷ [전략] (가~다)의 거리−(가~나)의 거리
(나~다)의 거리=500−314
　　　　　　　=186 (cm)

     답 186 cm

선행 문제 4

(1) 3, 1, 931
(2) 3, 9, 139

실행 문제 4

❶ 632
❷ 236
❸ 632, 236, 868   **답** 868

쌍둥이 문제 4-1

❶ [전략] 큰 수부터 백, 십, 일의 자리에 차례로 써서 만들자.
가장 큰 세 자리 수: 954
❷ [전략] 작은 수부터 백, 십, 일의 자리에 차례로 써서 만들자.
가장 작은 세 자리 수: 459
❸ [전략] 위 ❶, ❷에서 만든 두 수의 차를 구하자.
차: 954−459=495

     답 495

선행 문제 5

(1) 527

(2) 760

실행 문제 5

❶ 337, 256

❷ 256

❸ 255

참고
■는 256보다 작아야 하므로 ■=255, 254……이다.
따라서 ■에 알맞은 자연수 중 가장 큰 수는 255이다.

답 255

쌍둥이 문제 5-1

❶ 전략 <를 =로 바꿔 ■를 구하자.
■+148=495,
■=495-148=347

❷ 전략 ■+148은 495보다 작아야 하므로
실제로 ■는 ❶에서 구한 347보다 작다.
문제의 식을 간단히 나타내면
■<347

❸ ■에 알맞은 자연수 중 가장 큰 수: 346

참고
■는 347보다 작아야 하므로 ■=346, 345……이다.
따라서 ■에 알맞은 자연수 중 가장 큰 수는 346이다.

답 346

다르게 풀기

■+148은 495보다 작으므로
■+148은 494, 493……이 될 수 있다.
■에 알맞은 자연수 중 가장 큰 수를 구해야 하므로
■+148=494, ■=494-148=346이다.

답 346

선행 문제 6

3, 1, 4 /
208, 106(또는 106, 208)

실행 문제 6

❶ 416, 784(또는 784, 416)

❷ 416, 784, 1200(또는 784, 416, 1200)

답 416, 784(또는 784, 416)

쌍둥이 문제 6-1

❶ 전략 합 1134의 일의 자리 숫자가 4이므로
일의 자리 숫자끼리의 합이 4인 두 수를 찾자.
일의 자리 숫자끼리의 합이 4인 두 수:
525, 609

❷ 전략 ❶에서 답한 두 수의 합을 구하여 확인하자.
덧셈식: 525+609=1134

답 525, 609(또는 609, 525)

2 STEP 수학 사고력 키우기 12~17쪽

대표 문제 1

구 어린이

주 ・212
・105

어 비행기에 탄 어린이 수를 구한 후, 구한 어린이 수
와 어른 수의 합을 구하자.

해 ❶ (비행기에 탄 어린이 수)
=212-105=107(명)

답 107명

❷ (비행기에 탄 어른과 어린이 수)
=212+107=319(명)

답 319명

쌍둥이 문제 1-1

구 천재미술관에 있는 그림과 조각 수

주 ・그림 수: 366점
・조각은 그림보다 135점 더 적게 있음.

어 조각 수를 구한 후, 구한 조각 수와 그림 수의 합을
구하자.

❶ 전략 (그림 수)-135
(조각 수)=366-135
=231(점)

❷ 전략 (그림 수)+(조각 수)
(천재미술관에 있는 그림과 조각 수)
=366+231=597(점)

답 597점

대표 문제 2

구 세

해 ❶ **식** 546+□=934

❷ 546+□=934,

□=934−546=388

따라서 찢어진 종이에 적힌 세 자리 수는 388
이다. **답** 388

초간단 풀이

어 두 수의 합이 934이므로 934에서 546을 빼자.

해 934−546=388

답 388

쌍둥이 문제 2-1

구 찢어진 종이에 적힌 세 자리 수

어 **1** 찢어진 종이에 적힌 세 자리 수를 □라 하여 뺄
셈식을 세운 후,

2 덧셈과 뺄셈의 관계를 이용해 □를 구하자.

❶ 찢어진 종이에 적힌 세 자리 수를 □라 하여 뺄셈식
을 세우기: □−237=574

> **참고** 찢어진 종이에 적힌 세 자리 수의 백의 자리 숫자가
> 8이므로 □>237이다.
> 따라서 두 수의 차를 구하는 식은
> □−237=574이다.

❷ **전략** ❶에서 세운 식에서 덧셈과 뺄셈의 관계를 이용해
□를 구하자.

□−237=574,

□=574+237=811

➡ 찢어진 종이에 적힌 세 자리 수: 811

답 811

대표 문제 3

구 라

해 ❶ **답**

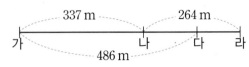

❷ (가~라)의 거리:

443+394=837 (m)

답 837 m

❸ (나~라)의 거리:

837−261=576 (m)

답 576 m

쌍둥이 문제 3-1

❶ 문제에 주어진 거리를 그림에 나타내면

❷ **전략** (가~나)의 거리+(나~라)의 거리

(가~라)의 거리: 337+264=601 (m)

❸ **전략** (가~라)의 거리−(가~다)의 거리

(다~라)의 거리: 601−486=115 (m)

답 115 m

대표 문제 4

구 합

해 ❶ 8>5>0이므로 만든 수 중 가장 큰 수는 850
이다. **답** 850

❷ 0은 백의 자리에 올 수 없으므로 둘째로 작은 수
5를 백의 자리에, 0을 십의 자리에 놓아야 한
다. **답** 508

❸ 850+508=1358

답 1358

쌍둥이 문제 4-1

구 만든 수 중 가장 큰 수와 가장 작은 수의 차

어 **1** 가장 큰 수는 백의 자리부터 큰 수를 차례로
놓아 만들고,

2 0이 있을 때의 가장 작은 수는 (둘째로 작은 수)
➡ 0 ➡ (남은 수)의 순서로 놓아 만들어

3 위 **1**과 **2**에서 만든 두 수의 차를 구하자.

❶ **전략** 백의 자리부터 큰 수를 차례로 놓자.

만든 수 중 가장 큰 수: 740

❷ **전략** 백의 자리에 0 대신 둘째로 작은 수를 놓자.

만든 수 중 가장 작은 수: 407

❸ **전략** ❶과 ❷에서 만든 두 수의 차를 구하자.

차: 740−407=333

답 333

대표 문제 5

구 작은

해 ❶ 262+■=530, ■=530−262=268

답 268

❷ **식** ■>268

❸ ■는 268보다 큰 수이므로 그중 가장 작은 수는
269이다.

답 269

쌍둥이 문제 5-1

구 ■에 알맞은 자연수 중에서 가장 작은 수

어 **1** >를 =로 바꿔 ■를 구한 다음,

2 ■+187이 343보다 커야 하므로 실제 ■의 범위를 알아보고,

3 이 중 가장 작은 수를 구하자.

❶ 전략〉덧셈과 뺄셈의 관계를 이용하자.

■+187=343,

■=343−187=156

❷ 전략〉■+187은 343보다 커야 하므로 실제로 ■는 ❶에서 구한 156보다 크다.

문제의 식을 수 하나로 간단히 나타내기:

■>156

❸ 전략〉■>156을 만족하는 가장 작은 수를 구하자.

■에 알맞은 자연수 중 가장 작은 수: 157

답 157

다르게 풀기

■+187은 343보다 크므로

■+187은 344, 345⋯⋯가 될 수 있다.

■에 알맞은 자연수 중 가장 작은 수를 구해야 하므로

■+187=344, ■=344−187=157이다.

답 157

대표 문제 6

구 167

해 ❶ 답 217 / 652, 465(또는 465, 652)

❷ 답 217, 167 / 652, 465, 187

❸ 답 384, 217

쌍둥이 문제 6-1

❶ 전략〉차 234의 일의 자리 숫자가 4이므로 받아내림을 생각하며 일의 자리 숫자끼리의 차가 4인 두 수를 찾자.

일의 자리 숫자끼리의 차가 4인 두 수끼리 짝 지으면

(762, 518), (835, 601)

❷ [예상 1] 762−518=244

[예상 2] 835−601=234

❸ 전략〉위 ❷에서 차가 234인 두 수를 찾자.

뽑은 두 장의 수 카드: 835, 601

답 835, 601

3 STEP 수학 독해력 완성하기 18~21쪽

독해 문제 1

구 더한에 ○표

주 354

해 ❶ 식 □−247=354

❷ □−247=354, □=354+247=601

답 601

❸ 바르게 계산한 값: 601+247=848

답 848

독해 문제 1-1 정답에서 제공하는 **쌍둥이 문제**

어떤 수에 324를 더해야 할 것을/

잘못하여 뺐더니 297이 되었습니다./

바르게 계산한 값을 구하세요.

구 바르게 계산한 값

→ 어떤 수에 324를 더한 값

주 잘못된 계산 → 어떤 수에서 324를 뺀 값: 297

어 **1** 어떤 수를 □라 하여 잘못 계산한 식을 세운 후,

2 덧셈과 뺄셈의 관계를 이용하여 □를 구하고,

3 구한 □에 324를 더해 바르게 계산한 값을 구하자.

해 ❶ 어떤 수를 □라 하여 잘못 계산한 식을 쓰면

□−324=297

❷ □−324=297,

□=297+324=621

❸ 바르게 계산한 값: 621+324=945

답 945

독해 문제 2

주 •175, 259   •614

해 ❶ (천안역에서 타기 전 사람 수)

=614−259=355(명)

답 355명

❷ (서울역을 출발할 때 기차에 타고 있던 사람 수)

=(천안역에서 내리기 전 사람 수)

=355+175=530(명)

답 530명

16

독해 문제 2-1 〔정답에서 제공하는 쌍둥이 문제〕

기차가 서울역을 출발하여 대전역에 도착하였습니다./ 대전역에서 137명이 내리고 다시 265명이 탔더니/ 지금 기차에 타고 있는 사람이 558명입니다./ 서울역을 출발할 때 기차에 타고 있던 사람은 몇 명이었나요?

구 서울역을 출발할 때 기차에 타고 있던 사람 수
→ 대전역에서 내리기 전 사람 수

주 •대전역에서 내린 사람 수: 137명,
 대전역에서 탄 사람 수: 265명
•지금 기차에 타고 있는 사람 수: 558명

어 ❶ 지금 기차에 타고 있는 사람 수부터 거꾸로 생각하여 대전역에서 타기 전 사람 수를 구한 후,
❷ 대전역에서 내리기 전 사람 수를 차례로 구하자.

해 ❶ (대전역에서 타기 전 사람 수)
＝(지금 기차에 타고 있는 사람 수)
－(대전역에서 탄 사람 수)
＝558－265＝293(명)

❷ (서울역을 출발할 때 기차에 타고 있던 사람 수)
＝(대전역에서 내리기 전 사람 수)
＝(대전역에서 타기 전 기차에 남아 있는 사람 수)＋(대전역에서 내린 사람 수)
＝293＋137＝430(명)

답 430명

독해 문제 3

구 200

주 534

해 ❶ 114는 200보다 100에, 534는 600보다 500에 더 가깝다.

답 100, 500

❷ 600－400＝200이므로 600으로 어림한 586과 400으로 어림한 395를 차가 200에 가장 가까운 두 수로 예상할 수 있다.

답 395, 586

❸ 식 586－395＝191

독해 문제 3-1 〔정답에서 제공하는 쌍둥이 문제〕

두 수를 골라 차가 300에 가장 가까운 뺄셈식을 만드세요.

| 287 | 408 | 513 | 591 |

구 차가 300에 가장 가까운 뺄셈식

주 네 개의 수: 287, 408, 513, 591

어 ❶ 각 수가 몇백에 더 가까운지 어림한 다음,
❷ 어림한 수끼리의 차가 300에 가장 가까운 두 수를 찾자.

해 ❶ 각 수가 몇백에 더 가까운지 어림하기
287 → 300, 408 → 400, 513 → 500,
591 → 600

❷ 차가 300에 가장 가까운 두 수 예상하기:
287, 591

❸ 뺄셈식: 591－287＝304

식 591－287＝304

참고 어림한 두 수의 차가 300에 가까운 287과 591의 실제 차가 591－287＝304로 300에 가장 가깝다.

독해 문제 4

구 큰에 ○표

해 ❶ 780－■＝584, ■＝780－584＝196

답 196

❷ ■＝196일 때 780－196＝584이므로 780－■＞584를 만족하려면 780에서 196보다 작은 수를 빼야 한다.

답 작아야에 ○표

주의 어떤 수에서 빼는 수가 작을수록 계산 결과는 커진다. 따라서 780에서 196보다 작은 수를 빼야 584보다 커지므로 ■는 196보다 작아야 한다.

❸ 780에서 196보다 작은 수를 빼야 하므로 ■는 196보다 작아야 한다.

식 ■＜196

❹ ■는 196보다 작은 수이므로 그중 가장 큰 수는 195이다.

답 195

독해 문제 4-1

정답에서 제공하는 쌍둥이 문제

■에 알맞은 자연수 중에서/ 가장 큰 수를 구하세요.

$$535-■>227$$

구 ■에 알맞은 자연수 중에서 가장 큰 수

주 $535-■>227$

어 ❶ >를 =로 바꿔 ■를 구한 다음,

❷ $535-■$가 227보다 커야 하므로 실제 ■의 범위를 알아보고,

❸ 이 중 가장 큰 수를 구하자.

해 ❶ $535-■=227$, $■=535-227=308$

❷ $535-■>227$을 만족하려면 ■는 308보다 작아야 한다.

❸ 문제에 주어진 식을 수 하나로 간단히 나타내기: $■<308$

❹ ■에 알맞은 자연수 중에서 가장 큰 수: 307

답 307

주의 535에서 308보다 작은 수를 빼야 227보다 크다. 따라서 ■는 308보다 작은 수인 307, 306……이어야 하므로 가장 큰 수는 307이 된다.

4 STEP 창의·융합·코딩 체험하기 22~25쪽

융합 ❶

$266-178=88$(명)

답 88명

코딩 ❷

(1) 입력값 263은 100보다 큰 수이므로 '예'로 간다.

➡ $263-119=144$이므로 출력되는 값은 144이다.

답 144

(2) 입력값 85는 100보다 작은 수이므로 '아니요'로 간다.

➡ $85+293=378$이므로 출력되는 값은 378이다.

답 378

창의 ❸

가장 큰 점수를 얻으려면 가장 큰 수와 두 번째로 큰 수가 쓰여 있는 풍선을 맞혀야 한다.

가장 큰 수: 641

두 번째로 큰 수: 605

➡ 얻을 수 있는 가장 큰 점수:

$641+605=1246$(점)

답 1246점

창의 ❹

누른 횟수의 차를 구하면 $656-491=165$이므로 🔘를 165번 더 많이 눌렀다.

따라서 펭귄은 ㉠ 방향으로 165칸 이동해 있다.

답 ㉠에 ◯표, 165

코딩 ❺

(1) $329>145$이므로

(파란 너구리 수)-(빨간 너구리 수)

$=329-145=184$(마리)

답 184마리

(2) 파란 너구리가 1마리씩 늘어나는 Ⓐ만 눌러 파란 너구리와 빨간 너구리 수의 차가 200마리가 되어야 한다. 현재 화면에는 파란 너구리가 184마리 더 많으므로 파란 너구리가 $200-184=16$(마리) 더 있어야 한다. 따라서 파란 너구리 수가 늘어나는 Ⓐ를 16번 눌러야 한다.

답 16번

참고 Ⓓ를 16번 눌러도 빨간 너구리 수가 16마리 줄어들므로 두 너구리 수의 차가 200마리가 된다.

융합 ❻

(오늘 오후에 입장한 사람 수)

$=219+237=456$(명)

입장하지 못한 사람이 있었으므로 오늘 오후까지 천재 식물원에 입장한 사람은 모두 900명이다.

따라서 오전에 입장한 사람은 $900-456=444$(명)이다.

답 444명

주의 입장하지 못한 사람이 있다는 것은 오전에 입장한 사람 수와 오후에 입장한 어른 219명, 어린이 237명의 합이 900명이라는 것을 알려주기 위한 조건이다.

융합 **7**

고장 난 계산기로 계산한 식을 보면 덧셈은 뺄셈으로, 뺄셈은 덧셈으로 바꿔 계산한 결과가 나왔다.
따라서 524＋337을 계산하면 524－337＝187로, 717－125를 계산하면 717＋125＝842로 계산 결과가 나온다.

📋 **187, 842**

🐻 **실전 마무리 하기** **26~29쪽**

1 ❶ 삼각형에 있는 수: 813, 145
　❷ 813＋145＝958

📋 **958**

2 ❶ (노란 색종이 수)＝543－203＝340(장)
　❷ (빨간 색종이와 노란 색종이 수)
　　＝543＋340＝883(장)

📋 **883장**

3 ❶ 뒤집어 놓은 종이에 적힌 세 자리 수를 □로 하여 덧셈식 세우기: 387＋□＝675
　❷ 387＋□＝675,
　　□＝675－387＝288
　➡ 뒤집어 놓은 종이에 적힌 세 자리 수: 288

📋 **288**

4 ❶ (가~라)의 거리:
　　528＋382＝910 (m)
　❷ (나~라)의 거리:
　　910－253＝657 (m)

📋 **657 m**

5 ❶ 만든 수 중 가장 큰 수: 810
　❷ 만든 수 중 가장 작은 수: 108

참고 3장의 수 카드에 0이 있을 때 가장 작은 세 자리 수 만들기:
(둘째로 작은 수) ➡ 0 ➡ (남은 수)의 순서로 백의 자리부터 수 카드를 차례로 놓는다.

　❸ 차: 810－108＝702

📋 **702**

6 ❶ 245＋■＝437,
　　■＝437－245＝192
　❷ 문제의 식을 수 하나로 간단히 나타내기:
　　■＞192

참고 245＋■는 437보다 커야 하므로 실제로 ■는 ❶에서 구한 192보다 크다.

　❸ ■에 알맞은 자연수 중 가장 작은 수: 193

📋 **193**

7 ❶ 일의 자리 숫자끼리의 합이 3인 두 수끼리 짝 지으면 (496, 457), (664, 279)
　❷ 〔예상 1〕496＋457＝953
　　〔예상 2〕664＋279＝943
　❸ 뽑은 두 장의 수 카드: 496, 457

📋 **496, 457**

8 ❶ 어떤 수를 □라 하여 잘못 계산한 식을 쓰면
　　□＋259＝805
　❷ □＋259＝805, □＝805－259＝546
　❸ 바르게 계산한 값: 546－259＝287

📋 **287**

9 ❶ (사탕을 사기 전 선우가 갖고 있던 금액)
　　＝230＋750＝980(원)
　❷ (선우가 처음에 갖고 있던 용돈)
　　＝980－500＝480(원)

참고 선우가 처음에 갖고 있던 용돈은 어머니께서 500원을 주시기 전이다.

📋 **480원**

10 ❶ 각 수가 몇백에 더 가까운지 어림하기:
　　725 ➡ 700, 298 ➡ 300, 318 ➡ 300,
　　414 ➡ 400
　❷ 차가 300에 가장 가까운 두 수 예상하기:
　　725, 414

참고 700－400＝300이므로 700으로 어림한 725와 400으로 어림한 414를 차가 300에 가장 가까운 두 수로 예상할 수 있다.

　❸ 뺄셈식: 725－414＝311

📋 **725－414＝311**

2 평면도형

FUN 한 기억 노트 30~31쪽

선분은   두 점을 곧게 이은 선   이지.

반직선은   한 점에서 시작하여 한쪽으로 끝없이 늘인 곧인 선   이야.

이것도 반직선!

직선은   선분을 양쪽으로 끝없이 늘인 곧은 선   이군.

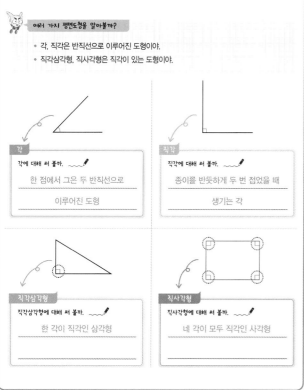

여러 가지 평면도형을 알아볼까?
- 각, 직각은 반직선으로 이루어진 도형이야.
- 직각삼각형, 직사각형은 직각이 있는 도형이야.

각
각에 대해 써 볼까.
한 점에서 그은 두 반직선으로 이루어진 도형

직각
직각에 대해 써 볼까.
종이를 반듯하게 두 번 접었을 때 생기는 각

직각삼각형
직각삼각형에 대해 써 볼까.
한 각이 직각인 삼각형

직사각형
직사각형에 대해 써 볼까.
네 각이 모두 직각인 사각형

---

1 STEP 문제 해결력 기르기   32~37쪽

선행 문제 1

4

실행 문제 1

❶ ⑥ / 2
   ④, ⑤ / 4
❷ 4, 2, 2   답 2개

쌍둥이 문제 1-1

❶ [전략] 그은 점선으로 생긴 도형에 번호를 매겨 직사각형과 직각삼각형 수를 각각 세어 보자.

직사각형: ④, ⑤ ➔ 2개
직각삼각형: ①, ②, ③, ⑥ ➔ 4개

❷ [전략] ❶에서 구한 두 수의 차를 구하자.
4-2=2(개)   답 2개

참고 (직사각형 수)+(직각삼각형 수)=(전체 조각 수)

선행 문제 2

(1) 한
(2) 네
(3) 직각, 네

실행 문제 2

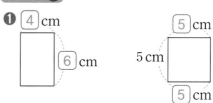

❶ 4 cm, 6 cm, 5 cm, 5 cm, 5 cm

다른 점 예 직사각형은 네 변의 길이가 모두 같지 않지만 정사각형은 네 변의 길이가 모두 같다.

쌍둥이 문제 2-1

❶ 예 직사각형과 정사각형 모두 변이 4개씩 있다.
❷ 예 직사각형과 정사각형 모두 직각이 4개씩 있다.

참고 정사각형은 직사각형 중 네 변의 길이가 모두 같은 사각형이므로 직사각형의 특징을 살펴보면 같은 점을 쉽게 찾을 수 있다.

선행 문제 **3**

(1) 4

(2) 2

실행 문제 **3**

❶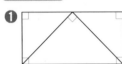

❷ 5   답 5개

쌍둥이 문제 **3-1**

❶ 전략 직각을 모두 찾아 ⌐ 로 표시하자.

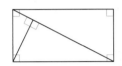

❷ 전략 ❶에서 ⌐ 로 표시한 직각의 수를 구하자.

직각의 수: 6개   답 6개

주의 두 각을 합쳐 직각인 경우도 있음을 잊지 않고 세어
야 한다.

선행 문제 **4**

(1) 18, 18, 9

(2) 28, 28, 7

실행 문제 **4**

❶ 5 / 5, 7

❷ 7, 5, 2   답 2

쌍둥이 문제 **4-1**

❶ 전략 ((가로)+(세로))×2=18이고, 9×2=18임을 이용
하여 (가로)+(세로)를 구하자.

(7+■)×2=18,

7+■=9

❷ ■=9-7=2   답 2

선행 문제 **5**

(1) 3

(2) 2

(3) 1

실행 문제 **5**

❶ 4, 4, 1

참고
| ① | ② |
| ③ | ④ |

1칸짜리: ①, ②, ③, ④
2칸짜리: ①+②, ①+③, ②+④, ③+④
4칸짜리: ①+②+③+④

❷ 9   답 9개

쌍둥이 문제 **5-1**

❶ 전략 작은 직사각형 1칸, 2칸, 3칸, 4칸으로 이루어진 직
사각형의 수를 세어 보자.

1칸짜리: 5개, 2칸짜리: 5개,

3칸짜리: 1개, 4칸짜리: 1개

참고
| | ① | ② |
| ③ | ④ | ⑤ |

1칸짜리: ①, ②, ③, ④, ⑤
2칸짜리: ①+②, ③+④, ④+⑤, ①+④, ②+⑤
3칸짜리: ③+④+⑤
4칸짜리: ①+②+④+⑤

❷ 크고 작은 직사각형의 수: 12개

답 12개

선행 문제 **6**

실행 문제 **6**

❶ 13

참고 변을 옮겨 만든 직사각형의 가로는
(큰 정사각형의 한 변)+(작은 정사각형의 한 변)
=9+4=13 (cm)

❷ 13, 13, 44

답 44 cm

쌍둥이 문제 6-1

❶ 전략 변을 옮겨 직사각형을 만들고, 만든 직사각형의 가로와 세로의 길이를 구하자.

변을 옮겨 만든 직사각형의
가로: 10 cm, 세로: 7 cm

참고

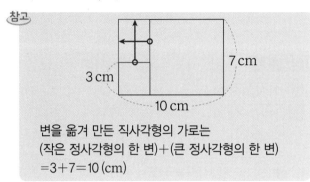

변을 옮겨 만든 직사각형의 가로는
(작은 정사각형의 한 변)+(큰 정사각형의 한 변)
=3+7=10 (cm)

❷ 전략 ❶에서 만든 직사각형의 네 변의 길이의 합을 구하자.
(굵은 선의 길이)=10+7+10+7=34 (cm)

답 **34 cm**

수학 사고력 키우기   38~43쪽

대표 문제 1

구 **차**

해 ❶ 직사각형: ⑦ ➡ 1개
직각삼각형:
①, ②, ④, ⑤, ⑧, ⑨, ⑩, ⑪ ➡ 8개

답 **1개, 8개**

❷ (직각삼각형의 수)−(직사각형의 수)
=8−1=7(개)   답 **7개**

쌍둥이 문제 1-1

구 점선을 따라 모두 잘랐을 때 생기는 직사각형과 직각삼각형 수의 차

어 1 직사각형과 직각삼각형 수를 각각 구한 다음,
2 구한 두 수의 차를 구하자.

❶ 전략 잘랐을 때 생기는 도형에 직각이 4개인 사각형과 직각이 1개인 삼각형의 수를 각각 구하자.

직사각형: ①, ② ➡ 2개
직각삼각형: ③, ④, ⑤, ⑥, ⑧, ⑨ ➡ 6개

❷ 전략 (많이 생긴 도형의 수)−(적게 생긴 도형의 수)
(직각삼각형의 수)−(직사각형의 수)
=6−2=4(개)   답 **4개**

대표 문제 2

구 **이름**

해 ❶ 4개의 선분으로 둘러싸인 도형은 사각형이다.
답 **사각형**

❷ 사각형 중 네 각이 모두 직각인 도형은 직사각형이다.   답 **직사각형**

❸ 직사각형 중 네 변의 길이가 모두 같은 도형은 정사각형이다.   답 **정사각형**

참고

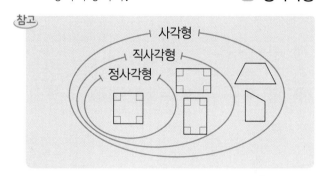

쌍둥이 문제 2-1

구 조건을 모두 만족하는 도형의 이름

어 [조건 1]부터 차례로 만족하는 도형을 알아보자.

❶ 전략 변과 꼭짓점이 각각 3개씩인 도형을 찾자.
변과 꼭짓점이 각각 3개씩인 도형: 삼각형

❷ 전략 ❶에서 구한 도형 중 직각이 1개인 도형을 찾자.
삼각형 중 직각이 1개인 도형: 직각삼각형

답 **직각삼각형**

참고

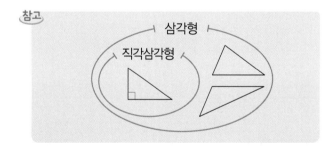

대표 문제 3

구 **직각**

해 ❶
가   나

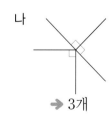

➡ 5개   ➡ 3개

답 **5개, 3개**

❷ 직각이 가는 5개, 나는 3개이므로 직각의 수가 더 많은 것은 가이다.

답 **가**

쌍둥이 문제 3-1

구 직각의 수가 더 많은 것

어 1 가와 나에서 찾을 수 있는 직각의 수를 각각 구한 후,

2 직각이 더 많은 것의 기호를 쓰자.

❶ 전략 한 각이 직각이 되는 각과 두 각을 합쳐 직각이 되는 각을 모두 찾자.

가   나

➡ 2개   ➡ 4개

❷ 전략 ❶에서 구한 직각의 수를 비교하자.

2<4이므로 직각의 수가 더 많은 것은 나이다.

답 나

대표 문제 4

구 세로에 ○표

해 ❶ (정사각형의 네 변의 길이의 합)
  = (한 변)×4
  = 4×4=16 (cm)

답 16 cm

❷ 두 도형의 네 변의 길이의 합이 같으므로 직사각형의 네 변의 길이의 합은 16 cm이다.

답 16 cm

❸ (5+□)×2=16이고
곱셈구구에서 8×2=16이므로
5+□=8, □=3이다.

답 3

쌍둥이 문제 4-1

구 직사각형의 가로

어 1 정사각형의 네 변의 길이의 합을 구한 후,

2 정사각형과 직사각형의 네 변의 길이의 합이 같음을 이용해

3 직사각형의 가로를 구하자.

❶ 전략 정사각형의 네 변의 길이는 모두 같음을 이용하자.
(정사각형의 네 변의 길이의 합)
  = 3×4=12 (cm)

❷ 전략 (직사각형의 네 변의 길이의 합)
  = (정사각형의 네 변의 길이의 합)
(직사각형의 네 변의 길이의 합)=12 cm

❸ 전략 (직사각형의 네 변의 길이의 합)
  = ((가로)+(세로))×2
(□+1)×2=12이고
곱셈구구에서 6×2=12이므로
□+1=6, □=5이다.

답 5

대표 문제 5

구 직각삼각형

해

❶ ①, ②, ③, ④ ➡ 4개

답 4개

❷ ①+②, ③+④, ①+③, ②+④ ➡ 4개

답 4개

참고 도형에서 찾을 수 있는 가장 큰 직각삼각형은 작은
직각삼각형 2칸짜리로 이루어진   이다.

❸ 답 8개

쌍둥이 문제 5-1

구 크고 작은 직각삼각형의 수

어 1 작은 직각삼각형 1칸짜리로 이루어진 직각삼각형 (△)의 수와 작은 직각삼각형 4칸짜리로 이루어진 직각삼각형 (△)의 수를 각각 구한 후,

2 구한 두 수의 합을 구하자.

해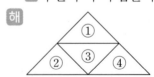

❶ 전략 △와 같은 모양의 수를 세어 보자.
1칸짜리: ①, ②, ③, ④ ➡ 4개

❷ 전략 △와 같은 모양의 수를 세어 보자.
4칸짜리: ①+②+③+④ ➡ 1개

❸ 전략 ❶과 ❷에서 찾은 두 수를 더하자.
크고 작은 직각삼각형의 수: 4+1=5(개)

답 5개

대표 문제 6

구 길이

주 한 변의 길이가 5 cm인 정사각형 1개,
한 변의 길이가 10 cm인 정사각형 1개

해 ❶ 변을 옮겨 직사각형을 만들고, 만든 직사각형의
가로와 세로의 길이를 구하면
(가로)=(작은 정사각형의 한 변)
　　　　+(큰 정사각형의 한 변)
　　　=5+10=15 (cm),
(세로)=(큰 정사각형의 한 변)
　　　=10 cm

답 (위에서부터) 10, 15

❷ (굵은 선의 길이)
　=15+10+15+10
　=50 (cm)

답 50 cm

쌍둥이 문제 6-1

구 도형을 둘러싼 굵은 선의 길이

주 한 변의 길이가 12 cm인 정사각형 1개,
한 변의 길이가 7 cm인 정사각형 1개

어 ❶ 변을 옮겨 직사각형을 만들고, 만든 직사각형의
가로와 세로의 길이를 구한 후,

❷ 변을 옮겨 만든 직사각형의 네 변의 길이의 합이
굵은 선의 길이와 같음을 이용해 굵은 선의 길이
를 구하자.

❶ 전략 변을 옮겨 만든 직사각형의 가로와 세로의 길이를
구하자.

가로: 19 cm, 세로: 12 cm

참고
변을 옮겨 직사각형을 만들고, 만든 직사각형의 가로
와 세로의 길이를 구하면
(가로)=(큰 정사각형의 한 변)
　　　　+(작은 정사각형의 한 변)
　　　=12+7=19 (cm),
(세로)=(큰 정사각형의 한 변)=12 cm

❷ 전략 ❶에서 변을 옮겨 만든 직사각형의 네 변의 길이의
합을 구하자.

(굵은 선의 길이)
=19+12+19+12
=62 (cm)

답 62 cm

STEP 3 수학 독해력 완성하기 44~47쪽

독해 문제 1

구 정사각형

주 ·같은에 ○표
·7, 5

해 ❶ (직사각형의 네 변의 길이의 합)
　=7+5+7+5=24 (cm)

답 24 cm

❷ 직사각형과 정사각형의 네 변의 길이의 합은 같
다.

답 24 cm

❸ 6×4=24이므로 정사각형의 한 변의 길이는
6 cm이다.

답 6 cm

독해 문제 1-1 정답에서 제공하는 **쌍둥이 문제**

직사각형과 정사각형의 네 변의 길이의 합은 같습
니다./ 정사각형의 한 변의 길이는 몇 cm인가요?

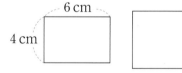

구 정사각형의 한 변의 길이

주 ·네 변의 길이의 합이 같은 직사각형과 정사각형
·직사각형의 가로: 6 cm,
　직사각형의 세로: 4 cm

어 ❶ 직사각형의 네 변의 길이의 합을 구한 다음,

❷ 직사각형과 정사각형의 네 변의 길이의 합
이 같음을 이용하여

❸ 정사각형의 한 변의 길이를 구하자.

해 ❶ (직사각형의 네 변의 길이의 합)
　=6+4+6+4=20 (cm)

❷ 직사각형과 정사각형의 네 변의 길이의 합
이 같으므로 정사각형의 네 변의 길이의 합
은 20 cm이다.

❸ 5×4=20이므로 정사각형의 한 변의 길이
는 5 cm이다.

답 5 cm

독해 문제 2

구 합

주 •2 •10

해 ① (큰 정사각형의 한 변)
= (작은 정사각형의 한 변)
+ (작은 정사각형의 한 변)이고
10 = 5 + 5이므로
(작은 정사각형의 한 변) = 5 cm이다.

답 5 cm

② (만든 직사각형의 가로)
= (큰 정사각형의 한 변)
+ (작은 정사각형의 한 변)
= 10 + 5 = 15 (cm)

답 15 cm

③ (만든 직사각형의 네 변의 길이의 합)
= 15 + 10 + 15 + 10 = 50 (cm)

답 50 cm

독해 문제 2-1   정답에서 제공하는 **쌍둥이 문제**

정사각형 3개를 겹치지 않게 붙여 만든 직사각형입니다./
만든 직사각형의 네 변의 길이의 합은 몇 cm인가요?

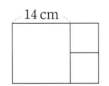

14 cm

구 만든 직사각형의 네 변의 길이의 합

주 •큰 정사각형의 한 변에 크기가 같은 작은 정사각형 2개를 붙여 만든 직사각형
•큰 정사각형의 한 변의 길이: 14 cm

어 ① 작은 정사각형의 한 변의 길이를 큰 정사각형의 한 변의 길이를 이용해 구하고,
② 만든 직사각형의 가로를 구해
③ 만든 직사각형의 네 변의 길이의 합을 구하자.

해 ① 14 = 7 + 7이므로
(작은 정사각형의 한 변) = 7 cm이다.
② (만든 직사각형의 가로)
= 14 + 7 = 21 (cm)
③ (만든 직사각형의 네 변의 길이의 합)
= 21 + 14 + 21 + 14 = 70 (cm)

답 70 cm

독해 문제 3

구 길이

주 •2
•4

해 ① 답 (위에서부터) 24, 10
② (굵은 선의 길이)
= (①에서 변을 옮겨 만든 직사각형의 네 변의 길이의 합)
= 24 + 10 + 24 + 10
= 68 (cm)

답 68 cm

독해 문제 3-1   정답에서 제공하는 **쌍둥이 문제**

직사각형 2개를 겹치지 않게 붙여 만든 도형입니다./
도형을 둘러싼 굵은 선의 길이는 몇 cm인가요?

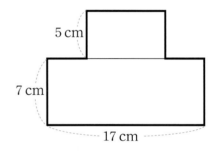

5 cm

7 cm

17 cm

구 도형을 둘러싼 굵은 선의 길이

주 •직사각형 2개를 붙여 만든 도형
•도형의 주어진 변의 길이: 5 cm, 7 cm, 17 cm

어 ① 변을 옮겨 직사각형을 만들고, 만든 직사각형의 가로와 세로의 길이를 알아본 후,
② 변을 옮겨 만든 직사각형의 네 변의 길이의 합이 굵은 선의 길이와 같음을 이용해 굵은 선의 길이를 구하자.

해 ① 변을 옮겨 직사각형을 만들고, 만든 직사각형의 가로와 세로의 길이를 쓰면
가로: 17 cm,
세로: 5 + 7 = 12 (cm)
② (굵은 선의 길이)
= (①에서 변을 옮겨 만든 직사각형의 네 변의 길이의 합)
= 17 + 12 + 17 + 12
= 58 (cm)

답 58 cm

독해 문제 | 4

구 **작은**에 ○표

주 5, 14

해 ❶ 정사각형은 네 변의 길이가 모두 같으므로
(선분 ㄴㅈ)=(선분 ㄱㄴ)
=5 cm이고,
(선분 ㅈㄷ)=(선분 ㄴㄷ)−(선분 ㄴㅈ)
=14−5=9 (cm)이므로
(선분 ㅂㅈ)=(선분 ㅈㄷ)
=9 cm이다.

답 **9 cm**

참고 (선분 ㄴㄷ)
=(선분 ㄴㅈ)+(선분 ㅈㄷ)
=14 cm

❷ (선분 ㅇㅈ)=(선분 ㄱㄴ)
=5 cm이므로
(선분 ㅂㅇ)=(선분 ㅂㅈ)−(선분 ㅇㅈ)
=9−5=4 (cm)이다.

답 **4 cm**

❸ (선분 ㅂㅇ)=4 cm이고 정사각형 ㅁㅅㅇㅂ은 네 변의 길이가 모두 같으므로
네 변의 길이의 합은 4×4=16 (cm)이다.

답 **16 cm**

독해 문제 | 4-1   정답에서 제공하는 **쌍둥이 문제**

크기가 다른 정사각형 3개를 겹치지 않게 붙여 만든 것입니다. /
정사각형 ㅁㅅㅇㅂ의 네 변의 길이의 합을 구하세요.

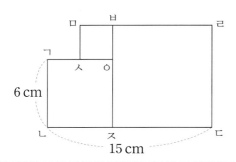

구 가장 작은 정사각형의 네 변의 길이의 합

주 •크기가 다른 정사각형 3개
•선분 ㄱㄴ의 길이: 6 cm,
선분 ㄴㄷ의 길이: 15 cm

어 ❶ 정사각형은 네 변의 길이가 모두 같다는 것과 선분의 길이의 차를 이용하여 가장 큰 정사각형의 한 변인 선분 ㅂㅈ의 길이와 가장 작은 정사각형의 한 변인 선분 ㅂㅇ의 길이를 구한 후,

❷ 가장 작은 정사각형 ㅁㅅㅇㅂ의 네 변의 길이의 합을 구하자.

해 ❶ 정사각형은 네 변의 길이가 모두 같으므로
(선분 ㄴㅈ)=(선분 ㄱㄴ)
=6 cm이고,
(선분 ㅈㄷ)=(선분 ㄴㄷ)−(선분 ㄴㅈ)
=15−6=9 (cm)
➡ (선분 ㅂㅈ)=(선분 ㅈㄷ)=9 cm

❷ (선분 ㅇㅈ)=(선분 ㄱㄴ)
=6 cm이므로
(선분 ㅂㅇ)=(선분 ㅂㅈ)−(선분 ㅇㅈ)
=9−6=3 (cm)이다.

❸ (선분 ㅂㅇ)=3 cm이고 정사각형 ㅁㅅㅇㅂ은 네 변의 길이가 모두 같으므로
네 변의 길이의 합은 3×4=12 (cm)이다.

답 **12 cm**

4 STEP 창의·융합·코딩 **체험**하기   48~51쪽

창의 ①

직각삼각형 모양 조각만 사용하여 그림을 완성한 다음 정사각형 8개로 놓을 수 있는 부분을 찾아 남은 직각삼각형 모양 조각의 수를 세어 본다.

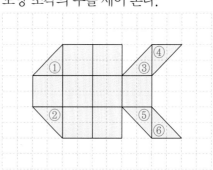

답 **6개**

창의 2

답 예
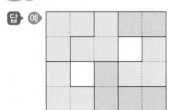
/ 예 4개, 예 3개

참고
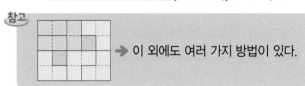 → 이 외에도 여러 가지 방법이 있다.

창의 3

색종이를 2번 접었다 펼치면 오른쪽과 같이 직각을 8개 찾을 수 있다.

답  / 8개

창의 4

• 주사위 1개짜리: ▦ → 1개

• 주사위 2개짜리: ▦ , ▦ , ▦ → 3개

• 주사위 3개짜리: ▦ , ▦ → 2개

• 주사위 4개짜리: ▦ → 1개

• 주사위 6개짜리: ▦ → 1개

따라서 파란색 주사위를 포함하는 크고 작은 직사각형은 모두 1+3+2+1+1=8(개)이다. 답 8개

코딩 5

토끼가 앞으로 2칸 가고 왼쪽으로 직각만큼 도는 것을 4번 반복하였다. 답 (위에서부터) 4, 2

참고 정사각형은 네 변의 길이가 모두 같으므로 '앞으로 2칸 가고 직각 돌기'를 4번 반복해서 그릴 수 있다.

코딩 6

토끼가 앞으로 3칸 간 뒤 왼쪽으로 직각만큼 돌고, 앞으로 1칸 간 뒤 왼쪽으로 직각만큼 도는 것을 2번 반복하였다.

답 (위에서부터) 2, 3, 1

주의 직사각형은 가로와 세로의 길이가 다르므로 '앞으로 3칸 가고 직각 돌기, 앞으로 1칸 가고 직각 돌기'를 2번 반복해서 그릴 수 있다.

코딩 7

 2에서
① ② ③

① 앞으로 3칸 이동
② 오른쪽으로 직각만큼 돌기
③ 2번 반복한다.

답
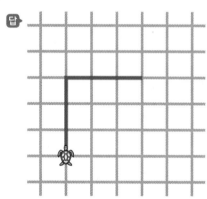

코딩 8

 3에서
① ② ③

① 앞으로 4칸 이동
② 오른쪽으로 직각만큼 돌기
③ 3번 반복한다.

답
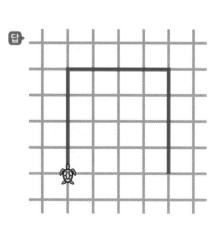

실전 **마무리** 하기 52~55쪽

1 ❶ (2+(긴 변))×2=16
2+(긴 변)=8

곱셈구구에서 8×2=16이므로 2+(긴 변)=8이다.

❷ (긴 변)=8−2=6 (cm)

답 **6 cm**

2 ❶ 정사각형의 한 변의 길이가 8개 있다.
❷ (만든 직사각형의 네 변의 길이의 합)
=3×8=24 (cm)

답 **24 cm**

3 ❶ 정사각형의 네 변의 길이는 모두 같으므로
(선분 ㅅㄷ)=(선분 ㄴㄷ)=16 cm
❷ (선분 ㅂㄷ)=(선분 ㅁㄹ)=9 cm
❸ (선분 ㅅㅂ)=(선분 ㅅㄷ)−(선분 ㅂㄷ)
=16−9=7 (cm)

답 **7 cm**

4 ❶ 직각삼각형: ①, ②, ③, ⑥, ⑦ ➡ 5개
직사각형: ④ ➡ 1개
❷ 5−1=4(개)

답 **4개**

5 ❶ 변과 꼭짓점이 각각 4개씩인 도형: 사각형
❷ 사각형 중 직각이 4개인 도형: 직사각형
❸ 직사각형 중 변의 길이가 모두 같은 도형:
정사각형

답 **정사각형**

6 ❶ 가에서 찾을 수 있는 직각의 수: 3개
나에서 찾을 수 있는 직각의 수: 2개

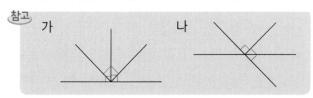

❷ 3>2이므로 직각의 수가 더 적은 것은 나이다.

답 **나**

7 ❶ (정사각형의 네 변의 길이의 합)
=4×4=16 (cm)
❷ (직사각형의 네 변의 길이의 합)=16 cm
❸ (6+☐)×2=16이므로
6+☐=8, ☐=2

❸ 곱셈구구에서 8×2=16이므로 6+☐=8이다.
➡ 6+☐=8, ☐=8−6=2

답 **2**

8 ❶ 20=10+10이므로
(작은 정사각형의 한 변)=10 cm
❷ (만든 직사각형의 가로)=10+20=30 (cm)
❸ (만든 직사각형의 네 변의 길이의 합)
=30+20+30+20=100 (cm)

답 **100 cm**

작은 정사각형 2개가 서로 한 변이 만나고 있으므로 크기가 같고,
(큰 정사각형의 한 변)=(작은 정사각형의 한 변)
+(작은 정사각형의 한 변)이다.
이때, (만든 직사각형의 가로)=(작은 정사각형의 한 변)
+(큰 정사각형의 한 변),
(만든 직사각형의 세로)=(큰 정사각형의 한 변)이다.

9 ❶ 변을 옮겨 직사각형을 만들면 가로는 15 cm,
세로는 10 cm
❷ (굵은 선의 길이)
=15+10+15+10=50 (cm)

(굵은 선의 길이)
=(❶에서 변을 옮겨 만든 직사각형의 네 변의 길이의 합)

답 **50 cm**

10

❶ 1칸짜리: ①, ②, ③, ④ ➡ 4개
❷ 2칸짜리: ①+②, ②+③, ③+④, ①+④,
①+⑤, ②+⑥ ➡ 6개
❸ 4칸짜리: ①+②+⑤+⑥ ➡ 1개
❹ 크고 작은 직각삼각형의 수: 4+6+1=11(개)

답 **11개**

3 나눗셈

FUN한 이야기   56~57쪽

> 5, 8
> 8, 9

1 STEP 문제 해결력 기르기   58~61쪽

선행 문제 ❶

(1) 2, 2, 9
(2) 5, 5, 3

실행 문제 ❶

❶ ÷에 ○표
❷ 8, 5

    답 5개

쌍둥이 문제 1-1

❶ [전략] 똑같이 나누어 심을 때 이용하는 기호를 정하자.
화분 한 개에 똑같은 수만큼씩 나누어 심어야 하므로 ÷를 이용한다.

❷ [전략] (전체 튤립의 수)÷(화분 한 개에 심는 튤립의 수)
(화분의 수)＝56÷7
          ＝8(개)

    답 8개

선행 문제 ❷

① 4, 36
② 36, 4

실행 문제 ❷

❶ 8, 24
❷ 24, 4

    답 4자루

쌍둥이 문제 2-1

❶ [전략] (한 줄에 놓여 있는 탁구공의 수)×(줄 수)
(전체 탁구공의 수)＝6×4
          ＝24(개)

❷ [전략] (전체 탁구공의 수)÷(팀 수)
(한 팀이 가지는 탁구공의 수)
   ＝24÷8＝3(개)   답 3개

선행 문제 ❸

2, 3
많다에 ○표

실행 문제 ❸

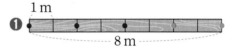

❷ 5, 4, 1

    답 ＋

쌍둥이 문제 3-1

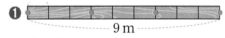

❷ 점의 수: 4
점 사이의 간격 수: 3
➜ 점의 수가 점 사이의 간격 수보다 1만큼 더 많다.

    식 예 (점의 수)＝(점 사이의 간격 수)＋1

선행 문제 ❹

① 56
② 36
③ 63

실행 문제 ❹

❶ 12, 13, 21, 23, 31, 32
❷ 12, 32

참고
> 4×3＝12 ↔ 12÷4＝3
> 4×8＝32 ↔ 32÷4＝8

    답 12, 32

쌍둥이 문제 4-1

① 전략 〉 한 장씩 십의 자리에 놓고 나머지 수 카드를 한 번씩 일의 자리에 놓자.

만든 두 자리 수: 15, 16, 51, 56, 61, 65

② 전략 〉 ①의 수 중 8단 곱셈구구에 나오는 수를 찾자.

8로 나누어지는 수: 16, 56

참고
$8×2=16 ↔ 16÷8=2$
$8×7=56 ↔ 56÷8=7$

답 16, 56

2 STEP 수학 사고력 키우기   62~65쪽

대표 문제 1

구 차에 ○표

주 •54
•6

해 ① 스케치북: $48÷6=8$(권)
공책: $54÷6=9$(권)   답 8권, 9권
② $9-8=1$(권)   답 1권

쌍둥이 문제 1-1

구 한 명이 가지게 되는 색연필 수와 연필 수의 차

주 •연필 28자루와 색연필 36자루
•각각 4명에게 똑같이 나누어 줌.

① 전략 〉 (전체 연필 수)÷(학생 수),
(전체 색연필 수)÷(학생 수)를 구하자.

연필: $28÷4=7$(자루)
색연필: $36÷4=9$(자루)

② 전략 〉 ①에서 구한 두 수의 차를 구하자.

$9-7=2$(자루)

답 2자루

다르게 풀기

① 전략 〉 색연필이 연필보다 몇 자루 더 많은지 알아보자.

(전체 색연필 수)-(전체 연필 수)$=36-28$
$=8$(자루)

② 전략 〉 ①에서 구한 수를 나누어 갖는 사람 수로 나누자.
$8÷4=2$(자루)

답 2자루

대표 문제 2

주 •5
•7

해 ① $6×9=54$(개)   답 54개

② $54-5=49$(개)   답 49개

③ $49÷7=7$(개)   답 7개

쌍둥이 문제 2-1

구 접시 한 개에 담을 딸기의 수

주 •8개씩 4줄로 놓여 있는 딸기 중 버린 딸기는 2개
•나누어 담을 접시의 수: 5개

① (처음 있던 딸기의 수)$=8×4$
$=32$(개)

② (버리고 남은 딸기의 수)$=32-2$
$=30$(개)

③ (접시 한 개에 담을 딸기의 수)$=30÷5$
$=6$(개)

답 6개

대표 문제 3

구 한쪽에 ○표

주 40, 5

해 ① $40-5-5-5-5-5-5-5-5=0$
➡ $40÷5=8$(군데)   답 8군데

② (심을 나무 수)$=8+1$
$=9$(그루)   답 9그루

쌍둥이 문제 3-1

구 도로 한쪽에 세울 가로등의 수

① (가로등 사이의 간격 수)$=42÷7$
$=6$(군데)

② 전략 〉 (세울 가로등의 수)=(가로등 사이의 간격 수)+1
(세울 가로등의 수)$=6+1$
$=7$(개)

답 7개

정답과 풀이

대표 문제 4

구 9

해 ❶ 답 27, 24, 72, 74, 42, 47

❷ $9 \times 3 = 27 \leftrightarrow 27 \div 9 = 3$

　 $9 \times 8 = 72 \leftrightarrow 72 \div 9 = 8$　　답 27, 72

쌍둥이 문제 4-1

구 수 카드로 만든 두 자리 수 중 5로 나누어지는 수

어 ❶ 만든 두 자리 수를 모두 쓰고,

　❷ 만든 수 중 5단 곱셈구구에 나오는 수를 찾자.

❶ 전략 한 장씩 십의 자리에 놓고 나머지 수 카드를 한 번씩 일의 자리에 놓자.

　만든 두 자리 수: 20, 21, 12, 10

　주의 십의 자리에는 0이 올 수 없음에 주의한다.

❷ 전략 ❶의 수 중 5단 곱셈구구에 나오는 수를 찾자.

　5로 나누어지는 수: 20, 10

　참고 $5 \times 4 = 20 \leftrightarrow 20 \div 5 = 4$

　　　 $5 \times 2 = 10 \leftrightarrow 10 \div 5 = 2$

답 20, 10

정답과 풀이

3 STEP 수학 독해력 완성하기　66~69쪽

독해 문제 1

구 한 가구가 가져가는 포도의 수

주 • 포도가 한 상자에 8송이씩 7상자 있고 더 사 온 포도는 7송이

　• 나누어 가져가는 가구 수: 9가구

어 ❶ 전체 포도의 수를 구한 후,

　❷ 전체 포도의 수를 나누어 가져가는 가구 수로 나누자.

해 ❶ (처음 있던 포도의 수)

　　$= 8 \times 7 = 56$(송이)　　답 56송이

❷ (더 사 온 후 전체 포도의 수)

　　$= 56 + 7 = 63$(송이)　　답 63송이

❸ (한 가구가 가져가는 포도의 수)

　　$= 63 \div 9 = 7$(송이)　　답 7송이

독해 문제 1-1　　정답에서 제공하는 쌍둥이 문제

키위가 한 상자에 6개씩 8줄 있었는데/
6개를 더 사 왔습니다./
이 키위를 9가구가 똑같이 나누어 가지려고 합니다./
한 가구가 가져가는 키위는 몇 개인가요?

구 한 가구가 가져가는 키위의 수

주 • 키위가 한 상자에 6개씩 8줄 있고 더 사 온 키위는 6개

　• 나누어 가져가는 가구 수: 9가구

어 ❶ 전체 키위의 수를 구한 후,

　❷ 전체 키위의 수를 나누어 가져가는 가구 수로 나누자.

해 ❶ (처음 있던 키위의 수)

　　$= 6 \times 8 = 48$(개)

❷ (더 사 온 후 전체 키위의 수)

　　$= 48 + 6 = 54$(개)

❸ (한 가구가 가져가는 키위의 수)

　　$= 54 \div 9 = 6$(개)

답 6개

독해 문제 2

구 만들 수 있는 정사각형의 수

주 • 도화지

　➜ 가로 12 cm, 세로 20 cm인 직사각형 모양

　• 자를 모양

　➜ 한 변의 길이가 4 cm인 정사각형

어 ❶ 가로와 세로 한 줄에 만들 수 있는 정사각형의 수를 각각 구한 후,

　❷ 위 ❶에서 구한 두 수의 곱으로 만들 수 있는 전체 정사각형의 수를 구하자.

해 ❶ (가로 한 줄에 만들 수 있는 정사각형의 수)

　　$= 12 \div 4 = 3$(개)

답 3개

❷ (세로 한 줄에 만들 수 있는 정사각형의 수)

　　$= 20 \div 4 = 5$(개)

답 5개

❸ (만들 수 있는 정사각형의 수)

　　$= 3 \times 5 = 15$(개)

답 15개

독해 문제 | 2-1

가로가 15 cm이고 세로가 40 cm인/
직사각형 모양의 도화지를 잘라/
한 변의 길이가 5 cm인 정사각형을 만들려고 합니다./
정사각형을 몇 개까지 만들 수 있나요?

구 만들 수 있는 정사각형의 수

주 • 도화지

→ 가로 15 cm, 세로 40 cm인 직사각형 모양

• 자를 모양

→ 한 변의 길이가 5 cm인 정사각형

어 **1** 가로와 세로 한 줄에 만들 수 있는 정사각형의 수를 각각 구한 후,

2 위 **1**에서 구한 두 수의 곱으로 만들 수 있는 전체 정사각형의 수를 구하자.

해 **1** (가로 한 줄에 만들 수 있는 정사각형의 수)
$=15 \div 5 = 3$(개)

2 (세로 한 줄에 만들 수 있는 정사각형의 수)
$=40 \div 5 = 8$(개)

3 (만들 수 있는 정사각형의 수)
$=3 \times 8 = 24$(개)

답 **24개**

독해 문제 | 3

구 바르게 계산한 몫

주 • 바른 계산: 어떤 수를 3으로 나눈 몫

• 잘못된 계산: 어떤 수를 6으로 나눈 몫은 2

어 **1** 어떤 수를 □라 하고 잘못 계산한 식을 세운 후 곱셈식으로 □를 구한 다음,

2 구한 □를 3으로 나누어 바르게 계산한 몫을 구하자.

해 **1** 식 $\square \div 6 = 2$

2 $\square \div 6 = 2$

$6 \times 2 = \square$, $\square = 12$

답 **12**

3 바르게 계산한 몫: $12 \div 3 = 4$

답 **4**

독해 문제 | 3-1

어떤 수를 6으로 나누어야 할 것을/
잘못하여 9로 나누었더니 몫이 4가 되었습니다./
바르게 계산하면 몫은 얼마인가요?

구 바르게 계산한 몫

주 • 바른 계산: 어떤 수를 6으로 나눈 몫

• 잘못된 계산: 어떤 수를 9로 나눈 몫은 4

어 **1** 어떤 수를 □라 하고 잘못 계산한 식을 세운 후 곱셈식으로 □를 구한 다음,

2 구한 □를 6으로 나누어 바르게 계산한 몫을 구하자.

해 **1** 어떤 수를 □로 하여 잘못 계산한 식 쓰기:
$\square \div 9 = 4$

2 $\square \div 9 = 4$, $9 \times 4 = \square$, $\square = 36$

3 바르게 계산한 몫: $36 \div 6 = 6$

답 **6**

독해 문제 | 4

해 **1** 4로 나누어지므로 4단 곱셈구구의 곱이다.

답 **4단**

2 $4 \times 8 = 32$ → $3\boxed{2} \div 4 = 8$

$4 \times 9 = 36$ → $3\boxed{6} \div 4 = 9$

답 **2, 6**

3 $3\boxed{6} \div 4 = 9$의 몫이 가장 크므로 □ 안에 알맞은 수는 6이다.

답 **6**

독해 문제 | 4-1

2□는 두 자리 수이고 7로 나누어집니다./
다음 나눗셈식의 몫이 가장 크게 될 때/
□ 안에 알맞은 수를 구하세요.

$$2\square \div 7$$

해 **1** 7로 나누어지므로 7단 곱셈구구의 곱이다.

2 $7 \times 3 = 21$ → $2\boxed{1} \div 7 = 3$

$7 \times 4 = 28$ → $2\boxed{8} \div 7 = 4$

3 $2\boxed{8} \div 7 = 4$의 몫이 가장 크므로 □ 안에 알맞은 수는 8이다.

답 **8**

독해 문제 | 5

구 양쪽에 ○표

주 35, 7

해 ❶ $35-7-7-7-7-7=0$
➡ $35÷7=5$(군데)

답 5군데

❷ (가로수길 한쪽에 놓을 의자 수)
$=5+1=6$(개)

답 6개

❸ (가로수길 양쪽에 놓을 의자 수)
$=6×2=12$(개)

답 12개

독해 문제 | 5-1   정답에서 제공하는 **쌍둥이 문제**

길이가 64 m인 가로수길 양쪽에/
8 m 간격으로 처음부터 끝까지 의자를 놓으려고 합니다./
의자는 몇 개 놓을 수 있나요? (단, 의자의 길이는 생각하지 않습니다.)

어 ❶ 나눗셈을 이용해 가로수길 한쪽에 놓을 의자 사이의 간격 수를 구한 후,

❷ 가로수길 한쪽에 놓을 의자 수를 구하고, 2배 하여 양쪽에 놓을 의자 수를 구하자.

해 ❶ (가로수길 한쪽에 놓을 의자 사이의 간격 수)
$=64÷8=8$(군데)

❷ (가로수길 한쪽에 놓을 의자 수)
$=8+1=9$(개)

❸ (가로수길 양쪽에 놓을 의자 수)
$=9×2=18$(개)

답 18개

독해 문제 | 6

주 18

해 ❶ 답 3, 4, 5

❷ (자른 횟수)=(도막 수)-1

답 3번

❸ 18분 동안 3번 잘랐으므로 통나무를 한 번 자르는 데 $18÷3=6$(분)이 걸렸다.

답 6분

독해 문제 | 6-1   정답에서 제공하는 **쌍둥이 문제**

굵기가 일정한 통나무를 쉬지 않고 5도막으로 자르는 데/
모두 16분이 걸렸습니다./
통나무를 한 번 자르는 데 걸린 시간은 몇 분일까요? (단, 한 번 자르는 데 걸리는 시간은 일정합니다.)

구 통나무를 한 번 자르는 데 걸린 시간

주 통나무를 쉬지 않고 5도막으로 자르는 데 걸린 시간: 16분

어 ❶ 통나무를 자른 횟수와 도막 수 사이의 관계를 알아보고,

❷ 5도막이 될 때 자른 횟수를 구해

❸ (총 걸린 시간)을 (자른 횟수)로 나누어 통나무를 한 번 자르는 데 걸린 시간을 구하자.

해 ❶

통나무를 자른 횟수(번)	1	2	3	4
도막 수(도막)	2	3	4	5

❷ (통나무가 5도막이 될 때 자른 횟수)
$=4$번

❸ 16분 동안 4번 잘랐으므로 통나무를 한 번 자르는 데 $16÷4=4$(분)이 걸렸다.

답 4분

4 STEP 창의·융합·코딩 체험하기   70~73쪽

융합 ①

6에서 2를 3번 빼면 0이 되므로 계산기 결과는 3이다.

답 2, 2, 2 / 3

융합 ②

35에서 7을 5번 빼면 0이 되므로 계산기 결과는 5이다.

답 7, 7, 7, 7, 7 / 5

창의 ③

$1\,\text{m}=100\,\text{cm}$이므로 정사각형을 만드는 데 사용하는 끈의 길이는 $100-64=36\,(\text{cm})$이다.

➡ (정사각형의 한 변의 길이)$=36\div4$
$$=9\,(\text{cm})$$

답 9 cm

창의 ④

4명이 나눠 가지므로 각각 4로 나눈다.

• 1000원: $16\div4=4$(장)
• 500원: $20\div4=5$(장)
• 100원: $32\div4=8$(장)
• 50원: $36\div4=9$(장)

답 4, 5, 8, 9

코딩 ⑤

말의 수보다 토끼의 수가 더 많으므로 [조건 1]에 따라 토끼의 수 32를 8로 나눈다.

➡ $32\div8=4$

답 4

코딩 ⑥

말의 수보다 토끼의 수가 더 적으므로 [조건 2]에 따라 토끼의 수와 말의 수의 합 $19+45=64$를 8로 나눈다.

➡ $64\div8=8$

답 8

코딩 ⑦

35를 넣으면 7이 나오고, 30을 넣으면 6이 나오므로 넣은 수를 5로 나눈 몫이 나오는 규칙이다.

➡ $35\div5=7$
   $30\div5=6$

따라서 25를 넣으면 $25\div5=5$가 나온다.

답 5

창의 ⑧

오늘 오전 6시부터 내일 오전 6시까지는 24시간이고, 작품은 4시간이 지나면 제자리로 돌아오므로 내일 오전 6시의 모양은 오늘 오전 6시의 모양이 $24\div4=6$(바퀴)를 돌아 제자리로 돌아온 모양이 된다.

답

---

1 ❶ (먹고 남은 고구마의 수)
$=27-3=24$(개)

❷ (봉지 한 개에 담은 고구마의 수)
$=24\div4=6$(개)

답 6개

2 ❶ (전체 사탕의 수)$=9\times2$
$$=18\text{(개)}$$

❷ (한 명이 받은 사탕의 수)$=18\div6$
$$=3\text{(개)}$$

답 3개

3 ❶ 귤: $21\div3=7$(개)
   딸기: $27\div3=9$(개)

❷ $9-7=2$(개)

답 2개

다르게 풀기

❶ (딸기의 수)$-$(귤의 수)$=27-21$
$$=6\text{(개)}$$

❷ $6\div3=2$(개)

답 2개

4 ❶ (도막 수)$=48\div8$
$$=6\text{(도막)}$$

❷ 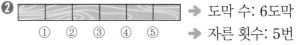 ➡ 도막 수: 6도막
① ② ③ ④ ⑤ ➡ 자른 횟수: 5번

답 5번

참고

❶ 48 cm를 8 cm씩 자르면
$48-8-8-8-8-8-8=0$
➡ $48\div8=6$(도막)이 된다.

❷ (도막 수)$-1=$(자른 횟수)

5 ❶ (정사각형 한 개를 만드는 데 사용한 철사의 길이)
$=28\div7=4$(cm)

❷ (만든 정사각형의 한 변의 길이)
$=4\div4=1$(cm)

참고 정사각형의 네 변의 길이는 모두 같다.
➡ (정사각형의 한 변)$=$(네 변의 길이의 합)$\div4$

답 1 cm

6 ❶ (처음 있던 조개의 수)
$$=9 \times 3 = 27(개)$$
❷ (버리고 남은 조개의 수)
$$=27 - 2 = 25(개)$$
❸ (한 명이 먹을 조개의 수)
$$=25 \div 5 = 5(개)$$

답 **5개**

7 ❶ (쓰레기통 사이의 간격 수)
$$=81 \div 9 = 9(군데)$$
❷ (놓을 쓰레기통의 수)$=9 + 1$
$$=10(개)$$

답 **10개**

참고
❶ $81 - 9 - 9 - 9 - 9 - 9 - 9 - 9 - 9 - 9 = 0$
➡ $81 \div 9 = 9$
❷ (놓을 쓰레기통의 수)
$=$(쓰레기통 사이의 간격 수)$+1$

8 ❶ 만든 두 자리 수: 24, 21, 42, 41, 12, 14
❷ 6으로 나누어지는 수: 24, 42, 12

참고
$6 \times 4 = 24 \leftrightarrow 24 \div 6 = 4$
$6 \times 7 = 42 \leftrightarrow 42 \div 6 = 7$
$6 \times 2 = 12 \leftrightarrow 12 \div 6 = 2$

답 **24, 42, 12**

9 ❶ 어떤 수를 □라 하고 잘못 계산한 식 쓰기:
$$□ \div 2 = 9$$
❷ $□ \div 2 = 9$

$2 \times 9 = □$, $□ = 18$
❸ 바르게 계산한 몫: $18 \div 6 = 3$

답 **3**

10 ❶

철근을 자른 횟수(번)	1	2	3	4
도막 수(도막)	2	3	4	5

참고 (도막 수)=(자른 횟수)$+1$

❷ 철근이 5도막이 될 때 자른 횟수: 4번
❸ 한 번 자르는 데 걸린 시간: $20 \div 4 = 5(분)$

답 **5분**

---

4 곱셈

FUN한 이야기   78~79쪽

$30 \times 3 = 90$, 90
$50 + 90 = 140$, 140

STEP 1 문제 해결력 기르기   80~85쪽

선행 문제 ❶
(1) ×, 60
(2) ×, 88
(3) ×, 60

실행 문제 ❶
❶ 곱셈식에 ○표
❷ ×, 39   답 **39개**

참고 ■개씩 ▲상자이므로 곱셈식을 세운다. ➡ ■×▲

쌍둥이 문제 1-1
❶ 선우가 줄넘기를 몇 번 했는지 구하려면 곱셈식을 세운다.
❷ (선우가 한 줄넘기 횟수)$=23 \times 2$
$$=46(번)$$ 답 **46번**

참고 (선우가 한 줄넘기 횟수)
$=$(유진이의 2배)
$=$(유진이가 한 줄넘기 횟수)$\times 2$

선행 문제 ❷
(1) 40, ㉡
(2) 120, ㉠

실행 문제 ❷
❶ ×, 80
❷ 80, >, 사탕에 ○표   답 **사탕**

참고 사탕의 수를 구한 다음 초콜릿의 수와 비교한다.

쌍둥이 문제 2-1

❶ (빨간색 공의 수)＝32×4
＝128(개)
❷ 128개＜130개이므로 파란색 공이 더 많다.
답 **파란색 공**

선행 문제 3

10, 30

실행 문제 3

❶ 1, 9, 19

참고 꽃병 1개에 꽂혀 있는 꽃은 몇 송이인지 먼저 구한다.

❷ 19, 76
답 **76송이**

쌍둥이 문제 3-1

❶ 먼저 구해야 할 것
➡ (미주네 반 전체 학생 수)＝15＋18
＝33(명)
❷ (필요한 공책 수)＝33×5
＝165(권)
답 **165권**

선행 문제 4

(1) 4, 16, 4, 12
(2) 2, 14, 2, 16

실행 문제 4

❶ 5, 17
❷ 5, 12
❸ 12, 60
답 60

쌍둥이 문제 4-1

❶ 어떤 수를 □라 하여 뺄셈식 세우기:
□－9＝30
❷ □＝30＋9
＝39

참고 ■－▲＝● ➡ ■＝●＋▲

❸ 어떤 수와 4의 곱: 39×4＝156
답 156

선행 문제 5

(1) 5, 5
(2) 4, 4, 9, 9

실행 문제 5

❶ 2, 2, 7, 14, 7

참고 • 2×□에서 일의 자리가 4가 되는 곱 찾기
2단 곱셈구구를 생각해 본다.
2×1＝2, 2×2＝4, 2×3＝6,
2×4＝8, 2×5＝10, 2×6＝12,
2×7＝14, 2×8＝16, 2×9＝18
여러 가지가 나올 수 있으므로 주의하여 확인한다.

❷ 2, 7
답 7

쌍둥이 문제 5-1

❶ 전략 6×□의 일의 자리가 8이 되는 경우를 찾아보자.
곱의 일의 자리 수를 보고 □ 예상하기:
6×3＝18이므로 □＝3,
6×8＝48이므로 □＝8

참고 • 6×□에서 일의 자리가 8이 되는 곱 찾기
6단 곱셈구구를 생각해 본다.
6×1＝6, 6×2＝12, 6×3＝18,
6×4＝24, 6×5＝30, 6×6＝36,
6×7＝42, 6×8＝48, 6×9＝54

❷ 위 ❶에서 찾은 수를 □ 안에 넣어 곱해 보기:

$$\begin{array}{r} 2\,6 \\ \times\quad 3 \\ \hline 7\,8\,(\times) \end{array} \qquad \begin{array}{r} 2\,6 \\ \times\quad 8 \\ \hline 2\,0\,8\,(\bigcirc) \end{array}$$

답 8

실행 문제 6

❶ 8, 6, 5
❷ 6, 5, 8, 520
답 520

쌍둥이 문제 6-1

❶ 수 카드의 수의 크기 비교하기: 2＜4＜7
❷ 곱이 가장 작은 곱셈식: 47×2＝94

참고

4 7 × 2
└→ ① 가장 작은 수
└→ ② 나머지 수로 만든 가장 작은 두 자리 수

답 94

2 STEP 수학 사고력 키우기 86~91쪽

대표 문제 1

주 • 4
• 5

해 ❶ (처음에 있던 떡의 수)
= (한 줄에 있던 떡의 수)×(줄 수)
= 15×4=60(개)

답 60개

참고 한 줄에 █개씩 ▲줄 ➡ █×▲

❷ (남은 떡의 수)
= (처음에 있던 떡의 수)−(먹은 떡의 수)
= 60−5=55(개)

답 55개

쌍둥이 문제 1-1

구 전체 풍선의 수

주 • 처음에 있던 풍선: 한 묶음에 35개씩 3묶음
• 더 사 온 풍선: 14개

❶ 전략 (한 묶음의 풍선의 수)×(묶음 수)
(처음에 있던 풍선의 수)=35×3
=105(개)

❷ 전략 (처음에 있던 풍선의 수)+(더 사 온 풍선의 수)
(전체 풍선의 수)=105+14
=119(개)

답 119개

대표 문제 2

주 • 6
• 5

해 ❶ (사과의 수)
= (한 상자에 들어 있는 사과의 수)×(상자 수)
= 16×6=96(개)

답 96개

❷ (귤의 수)
= (한 상자에 들어 있는 귤의 수)×(상자 수)
= 20×5=100(개)

답 100개

❸ 96개<100개이므로 더 많은 것은 귤이다.

답 귤

쌍둥이 문제 2-1

구 학생 수가 더 적은 학년

주 • 3학년: 한 반에 24명씩 5개 반
• 4학년: 한 반에 27명씩 4개 반

❶ 전략 (한 반의 학생 수)×(반의 수)
(3학년 학생 수)=24×5
=120(명)

❷ 전략 (한 반의 학생 수)×(반의 수)
(4학년 학생 수)=27×4
=108(명)

❸ 120명>108명이므로 학생 수가 더 적은 학년은 4학년이다.

답 4학년

대표 문제 3

주 • 30
• 7

해 ❶ (한 상자에 들어 있는 초코우유의 수)
= (한 상자에 들어 있는 딸기우유의 수)−7
= 30−7=23(개)

답 23개

참고 한 상자에 들어 있는 초코우유는 몇 개인지 먼저 구한다.

❷ (8상자에 들어 있는 초코우유의 수)
= (한 상자에 들어 있는 초코우유의 수)
×(상자 수)
= 23×8=184(개)

답 184개

쌍둥이 문제 3-1

구 7상자에 들어 있는 크림빵의 수

주 • 한 상자에 들어 있는 빵의 수: 40개
• 한 상자에 들어 있는 단팥빵의 수: 11개

❶ 전략 (한 상자에 들어 있는 빵의 수)
−(한 상자에 들어 있는 단팥빵의 수)
(한 상자에 들어 있는 크림빵의 수)
= 40−11=29(개)

❷ 전략 (한 상자에 들어 있는 크림빵의 수)×(상자 수)
(7상자에 들어 있는 크림빵의 수)
= 29×7=203(개)

답 203개

대표 문제 4

해 ❶ 5와 어떤 수를 곱했더니 40이 되었다.
→ 5×□=40

식 5×□=40

❷ 5×□=40 → □=40÷5=8

답 8

❸ 15×8=120

답 120

쌍둥이 문제 4-1

구 바르게 계산한 값

어 ❶ 어떤 수를 □라 하여 잘못 계산한 식을 세우고
❷ 곱셈과 나눗셈의 관계를 이용하여 ❶의 식에서
□의 값을 구한 다음
❸ 바르게 계산한 값을 구하자.

❶ 어떤 수를 □라 하여 잘못 계산한 식 세우기:
3×□=27

참고
3과 어떤 수를 곱했더니 27이 되었습니다.
  3   ×□   =27
→ 3×□=27

❷ 전략 곱셈과 나눗셈의 관계를 이용하자.
□의 값 구하기: □=27÷3=9

❸ 전략 33×□를 구하자.
바르게 계산한 값: 33×9=297

답 297

대표 문제 5

해 ❶ 일의 자리의 계산 3×ⓛ에서 일의 자리가 5가
되는 경우를 찾는다.
3×5=15이므로 ⓛ은 5이다.

답 5

❷ 일의 자리의 계산 3×5=15에서 1을 십의 자리의
계산에 더한 것이므로 ㉠×ⓛ은 올림한 1을 뺀
값이다.
→ 11-1=10

답 10

❸ ㉠×5=10 → 2×5=10이므로 ㉠에 알맞은
수는 2이다.

답 2

쌍둥이 문제 5-1

구 ㉠에 알맞은 수

어 ❶ 곱의 일의 자리 수를 보고 ⓛ을 구하고,
❷ 올림한 수를 생각하여 ㉠×ⓛ이 될 수 있는 수
를 찾아 ㉠에 알맞은 수를 구하자.

❶ 전략 일의 자리의 계산 7×ⓛ에서 일의 자리가 9인 경우
를 찾아보자.
ⓛ에 알맞은 수: 일의 자리의 계산에서 7×7=49
이므로 ⓛ=7

❷ 전략 일의 자리의 계산에서 올림한 수를 빼 보자.
㉠×ⓛ의 값: 25-4=21

참고
일의 자리의 계산 7×7=49에서 4를 십의 자리의 계
산에 더한 것이므로 ㉠×ⓛ은 올림한 4를 뺀 값이다.

❸ 전략 ㉠×(❶에서 구한 값)=(❷에서 구한 값)
㉠×7=21 → 3×7=21이므로 ㉠=3

답 3

대표 문제 6

해 ❶ 수 카드의 수의 크기 비교하기: 9>7>4>2

답 9, 7, 4, 2

❷ 곱이 가장 크려면 가장 큰 수는 ⓒ에 놓아야 한다.

답 ⓒ

❸ ⑦ ④ × ⑨ =666
        → ① 가장 큰 수
        → ② 나머지 수로 만든 가장 큰 두 자리 수

식 74×9

답 666

쌍둥이 문제 6-1

구 곱이 가장 작은 (몇십몇)×(몇)

어 ❶ 수의 크기를 비교하고
❷ 가장 작은 수가 들어갈 자리를 찾아 곱셈식을 만
들고 계산해 보자.

❶ 수 카드의 수의 크기 비교하기: 3<5<7<8

❷ 전략 곱이 가장 작으려면 가장 작은 수를 어느 자리에
놓아야 하는지 생각해 보자.
㉠, ㉡, ㉢ 중에서 가장 작은 수를 놓아야 하는 곳: ㉢

❸ 57×3=171

참고
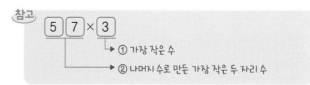

답 171

3 STEP 수학 독해력 완성하기 92~95쪽

독해 문제 1

주 •12
•2
•3

해 ❶ (민재가 가지고 있는 붙임딱지 수)
  =(윤우가 가지고 있는 붙임딱지 수)×2
  =12×2=24(장)

답 24장

❷ (은서가 가지고 있는 붙임딱지 수)
  =(민재가 가지고 있는 붙임딱지 수)×3
  =24×3=72(장)

답 72장

독해 문제 1-1
정답에서 제공하는 **쌍둥이 문제**

예준이 아버지의 나이는 몇 살인가요?

 예준 │ 나는 8살입니다.

 형 │ 내 나이는 예준이 나이의 2배입니다.

 아버지 │ 내 나이는 예준이 형의 나이의 3배입니다.

구 예준이 아버지의 나이

주 •예준이의 나이: 8살
  •예준이 형의 나이: 예준이 나이의 2배
  •예준이 아버지의 나이: 예준이 형의 나이의 3배

어 ❶ 예준이 형의 나이를 구하고,
  ❷ 예준이 아버지의 나이를 구하자.

예준이의 나이	예준이 형의 나이	예준이 아버지의 나이
	2배	3배

해 ❶ 예준이 형의 나이: 8×2=16(살)
  ❷ 예준이 아버지의 나이: 16×3=48(살)

답 48살

독해 문제 2

주 •7, 63
•13

해 ❶ (책꽂이 한 칸에 꽂은 위인전 수)
  ×(위인전을 꽂은 책꽂이 칸 수)
  =(전체 꽂은 위인전 수)
  ➔ 7×□=63

식 7×□=63

❷ □=63÷7
  =9(칸)

답 9칸

참고 곱셈과 나눗셈의 관계를 이용한다.

■×▲=● ⟨ ●÷■=▲
         ●÷▲=■

❸ (꽂을 수 있는 동화책 수)
  =(책꽂이 한 칸에 꽂는 동화책 수)
  ×(위인전을 꽂은 책꽂이 칸 수)
  =13×9=117(권)

답 117권

독해 문제 2-1
정답에서 제공하는 **쌍둥이 문제**

한 상자에 곰 인형을 5개씩 담았더니 담은 곰 인형이 모두 30개였습니다./
곰 인형을 담은 상자마다 토끼 인형도 11개씩 담는다면/
담을 수 있는 토끼 인형은 모두 몇 개인가요?

구 담을 수 있는 토끼 인형 수

주 •곰 인형: 한 상자에 5개씩 모두 30개
  •토끼 인형: 한 상자에 11개씩

어 ❶ 한 상자에 담은 곰 인형 수와 전체 곰 인형 수를 이용해 곰 인형을 담은 상자 수를 구하고,
  ❷ 담을 수 있는 토끼 인형 수를 구하자.

해 ❶ 상자 수를 □라 하여 곱셈식 세우기:
  (한 상자에 담은 곰 인형 수)×□
  =(전체 곰 인형 수)
  ➔ 5×□=30

❷ □=30÷5=6
❸ (담을 수 있는 토끼 인형 수)=11×6=66(개)

답 66개

독해 문제 3

해 ❶ $19 \times 6 = 114$

답 114

참고 오른쪽에 주어진 식을 먼저 계산한다.

❷ □ 안에 0부터 차례로 넣어 본다.
$41 \times 0 = 0$ ➡ $41 \times 0 < 19 \times 6$(○)
$41 \times 1 = 41$ ➡ $41 \times 1 < 19 \times 6$(○)
$41 \times 2 = 82$ ➡ $41 \times 2 < 19 \times 6$(○)
$41 \times 3 = 123$ ➡ $41 \times 3 > 19 \times 6$(×)

답 0, 1, 2

❸ □ 안에 들어갈 수 있는 수: 0, 1, 2 ➡ 3개

답 3개

독해 문제 3-1 정답에서 제공하는 **쌍둥이 문제**

0부터 9까지의 수 중에서 □ 안에 들어갈 수 있는 수는 모두 몇 개인가요?

$$20 \times \square < 16 \times 5$$

구 □ 안에 들어갈 수 있는 수의 개수

주 • 왼쪽에 주어진 식: $20 \times \square$
• 오른쪽에 주어진 식: 16×5

어 ❶ 16×5를 계산하고
❷ 0부터 차례로 □ 안에 넣어 주어진 식을 만족하는 수를 모두 찾아보고
❸ □ 안에 들어갈 수 있는 수는 모두 몇 개인지 구하자.

해 ❶ 오른쪽에 주어진 식: $16 \times 5 = 80$
❷ □ 안에 0부터 차례로 넣어 본다.
$20 \times 0 = 0$ ➡ $20 \times 0 < 16 \times 5$(○),
$20 \times 1 = 20$ ➡ $20 \times 1 < 16 \times 5$(○),
$20 \times 2 = 40$ ➡ $20 \times 2 < 16 \times 5$(○),
$20 \times 3 = 60$ ➡ $20 \times 3 < 16 \times 5$(○),
$20 \times 4 = 80$ ➡ $20 \times 4 = 16 \times 5$(×)
❸ □ 안에 들어갈 수 있는 수: 0, 1, 2, 3
➡ 4개

답 4개

독해 문제 4

주 • 29 • 4 • 4

해 ❶ $29 \times 4 = 116$ (cm)

답 116 cm

❷ (겹쳐진 부분의 수) = (색 테이프의 수) − 1
$= 4 - 1 = 3$(군데)

답 3군데

참고 색 테이프 ■장을 겹쳐서 한 줄로 길게 이어 붙였을 때 겹쳐진 부분의 수는 (■−1)군데이다.

❸ $4 \times 3 = 12$ (cm)

답 12 cm

❹ (이어 붙인 색 테이프 전체의 길이)
= (색 테이프 4장의 길이의 합)
− (겹쳐진 부분의 길이의 합)
$= 116 - 12 = 104$ (cm)

답 104 cm

독해 문제 4-1 정답에서 제공하는 **쌍둥이 문제**

길이가 43 cm인 색 테이프 6장을 한 줄로 이어 붙였습니다. /
색 테이프를 5 cm씩 겹쳐서 이어 붙였다면 /
이어 붙인 색 테이프 전체의 길이는 몇 cm인가요?

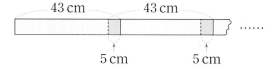

구 이어 붙인 색 테이프 전체의 길이

주 • 색 테이프 한 장의 길이: 43 cm
• 색 테이프의 수: 6장
• 겹쳐진 부분의 길이: 5 cm

어 ❶ 색 테이프 6장의 길이의 합과 겹쳐진 부분의 길이의 합을 구하여
❷ 위 ❶에서 구한 두 수의 차를 구하여 이어 붙인 색 테이프 전체의 길이를 구하자.

해 ❶ 색 테이프 6장의 길이의 합:
$43 \times 6 = 258$ (cm)
❷ 겹쳐진 부분: $6 - 1 = 5$(군데)
❸ 겹쳐진 부분의 길이의 합: $5 \times 5 = 25$ (cm)
❹ 이어 붙인 색 테이프 전체의 길이:
$258 - 25 = 233$ (cm)

답 233 cm

4STEP 창의·융합·코딩 체험하기 96~99쪽

융합 1

(육각형의 수)×7 = 20×7
= 140(개)

답▶ 140개

창의 2

호랑이는 13살이므로 호랑이 나이의 2배는
13×2 = 26(살)이다.
나이가 26살인 동물은 코끼리이다.

답▶ 코끼리

참고 호랑이 나이를 찾고, 호랑이 나이의 2배인 동물을 찾는다.

창의 3

호랑이는 13살, 펭귄은 6살이므로 거북의 나이는
13×6 = 78(살)이다.

답▶ 78살

융합 4

(우리나라 돈으로 러시아 돈 1루블의 금액)×3
= 14×3 = 42(원)

답▶ 42

참고 (우리나라 돈으로 러시아 돈 ■루블의 금액)
= (우리나라 돈으로 러시아 돈 1루블의 금액)×■

융합 5

(우리나라 돈으로 대만 돈 1달러의 금액)×8
= 40×8 = 320(원)

답▶ 320

참고 (우리나라 돈으로 대만 돈 ▲달러의 금액)
= (우리나라 돈으로 대만 돈 1달러의 금액)×▲

창의 6

(8뼘만큼의 길이) = 16×8
= 128 (cm)
(8뼘하고 7 cm만큼 더 되는 길이) = 128+7
= 135 (cm)

답▶ 135 cm

40

코딩 7

(1) 30×4 = 120이고, 100보다 크므로 '○'가 인쇄된다.

답▶ ○

(2) 36×2 = 72이고, 100보다 작으므로 '×'가 인쇄된다.

답▶ ×

코딩 8

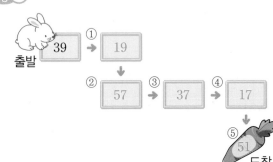

① 39−20 = 19
② 19×3 = 57
③ 57−20 = 37
④ 37−20 = 17
⑤ 17×3 = 51

답▶ 51

코딩 9

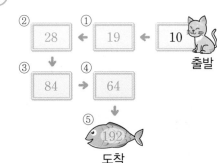

① 10+9 = 19
② 19+9 = 28
③ 28×3 = 84
④ 84−20 = 64
⑤ 64×3 = 192

답▶ 192

종합평가 실전 마무리 하기 100~103쪽

1 ❶ 공책이 모두 몇 권인지 구하려면 곱셈식을 세운다.
❷ (공책 수) = 20×8
= 160(권)

답▶ 160권

2 ❶ 55>9>4
→ 가장 큰 수: 55, 가장 작은 수: 4
❷ 55×4=220

답 220

3 ❶ (처음에 있던 빵의 수)=11×6
=66(개)
❷ (남은 빵의 수)=66-4
=62(개)

답 62개

참고
❶ (처음에 있던 빵의 수)
=(한 상자에 있던 빵의 수)×(상자 수)
❷ (남은 빵의 수)
=(처음에 있던 빵의 수)-(먹은 빵의 수)

4 ❶ (윤서가 접은 종이학의 수)=12×5
=60(개)

참고
윤서가 접은 종이학의 수를 먼저 구한다.

❷ 60개>50개이므로 종이학을 더 많이 접은 사람은
윤서이다.

답 윤서

5 ❶ (상자 한 개에 넣은 공책의 수)=24+39
=63(권)

참고
상자 한 개에 넣은 공책의 수를 먼저 구한다.

❷ (상자 3개에 넣은 공책의 수)=63×3
=189(권)

답 189권

6 ❶ (3학년 학생 수)=21×4
=84(명)
❷ (필요한 연필 수)=84×2
=168(자루)

답 168자루

참고
❶ (3학년 학생 수)
=(한 반의 학생 수)×(반의 수)
❷ (필요한 연필 수)
=(3학년 학생 수)×(한 사람에게 줄 연필 수)

7 ❶ 어떤 수를 □라 하여 잘못 계산한 식 세우기:
□+6=40

참고
어떤 수에 6을 더했더니 40이 되었습니다.
□   +6   =40
→ □+6=40

❷ □의 값 구하기: □=40-6=34
❸ 바르게 계산한 값: 34×6=204

답 204

8 ❶ (유찬이가 가지고 있는 구슬 수)=21-8
=13(개)
❷ (지우가 가지고 있는 구슬 수)=13×4
=52(개)
❸ (유찬이와 지우가 가지고 있는 구슬 수의 합)
=13+52=65(개)

답 65개

주의
유찬이가 가지고 있는 구슬 수와 지우가 가지고 있는
구슬 수를 구한 후 합을 구해야 함에 주의한다.

9 ❶ ㉡에 알맞은 수: 일의 자리의 계산에서
6×5=30이므로 ㉡=5
❷ ㉠×㉡의 값: 38-3=35
❸ ㉠에 알맞은 수: ㉠×5=35
→ 7×5=35이므로 ㉠=7

답 7

참고
❶ 일의 자리의 계산: 6×㉡의 일의 자리가 0이 되는
곱을 찾는다.
(㉡이 0이 되면 결과가 0이 되므로 0은 제외한다.)
❷ 십의 자리의 계산: 일의 자리의 계산 6×5=30에
서 3을 십의 자리의 계산에 더한 것이므로 ㉠×㉡
은 올림한 3을 뺀 값이다. → 38-3=35

10 ❶ 수 카드의 수의 크기 비교하기: 4<5<6<9
❷ ㉠, ㉡, ㉢ 중에서 가장 작은 수를 놓아야 하는 곳: ㉢
❸ 56×4=224

답 224

참고
㉠㉡×㉢에서 ㉢이 가장 작으면 결과도 가장 작다.

5 길이와 시간

FUN 한 기억 노트 104~105쪽

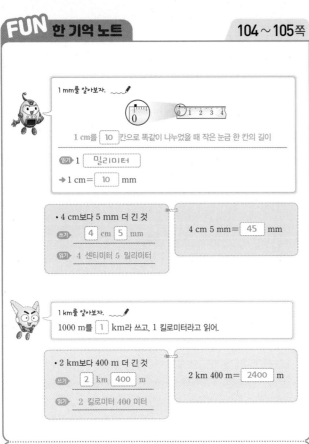

1 mm를 알아보자.

1 cm를 10 칸으로 똑같이 나누었을 때 작은 눈금 한 칸의 길이

읽기 1 밀리미터

→ 1 cm= 10 mm

• 4 cm보다 5 mm 더 긴 것

쓰기 4 cm 5 mm   4 cm 5 mm= 45 mm

읽기 4 센티미터 5 밀리미터

1 km를 알아보자.
1000 m를 1 km라 쓰고, 1 킬로미터라고 읽어.

• 2 km보다 400 m 더 긴 것

쓰기 2 km 400 m   2 km 400 m= 2400 m

읽기 2 킬로미터 400 미터

1초를 알아보자.

초바늘이 작은 눈금 한 칸을 가는 동안 걸리는 시간

작은 눈금 1칸= 1 초

60초를 알아보자.

초바늘이 시계를 한 바퀴 도는 데 걸리는 시간

60초= 1 분

시각 읽기
2 시 40 분 20 초

시각 읽기
1 시 15 분 5 초

1 STEP 문제 해결력 기르기 106~111쪽

선행 문제 1

(1) 90, 94
(2) 50, 5

실행 문제 1

❶ 105
❷ 105, >, 파란

답 파란색

쌍둥이 문제 1-1

❶ 연필의 길이: 15 cm 2 mm=152 mm
❷ 152 mm>139 mm이므로 더 긴 것은 연필이다.

답 연필

참고
1 cm=10 mm임을 이용한다.

다르게 풀기

❶ 전략 볼펜의 길이를 몇 cm 몇 mm로 나타내어 보자.
볼펜의 길이: 139 mm=13 cm 9 mm

참고
139 mm=130 mm+9 mm
=13 cm+9 mm
=13 cm 9 mm

❷ 15 cm 2 mm>13 cm 9 mm이므로 더 긴 것은
연필이다.

답 연필

선행 문제 2

9, 6 / 1, 2

실행 문제 2

❶ 2, 3
❷ (위에서부터) 2, 3 / 5, 9

답 5 cm 9 mm

참고
• 몇 cm 몇 mm 단위 길이의 덧셈과 뺄셈
cm는 cm끼리, mm는 mm끼리 계산한다.

예
```
   2 cm  3 mm          2 cm  3 mm
 + 1 cm  2 mm        − 1 cm  2 mm
   ③cm ⑤mm            ①cm ①mm
(2+1) cm  (3+2) mm   (2−1) cm  (3−2) mm
```

쌍둥이 문제 2-1

❶ ㉠ 막대의 길이:
$65\,mm = 6\,cm\ 5\,mm$

❷ 두 막대의 길이의 합:

$$\begin{array}{r} 6\,cm\ 5\,mm \\ +\ 3\,cm\ 4\,mm \\ \hline 9\,cm\ 9\,mm \end{array}$$

답 $9\,cm\ 9\,mm$

선행 문제 3

(1) 뺄셈에 ○표, $-$
(2) 덧셈에 ○표, $+$

실행 문제 3

❶ 60, 1
❷ (위에서부터) 1, 40 / 5, 31, 50

답 5시 31분 50초

참고

• 시각: 어느 한 시점
• 시간: 어떤 시각에서 어떤 시각까지의 사이
• (시각)＋(시간)＝(시각)   • (시각)－(시간)＝(시각)

예
$$\begin{array}{r} 2시\ 40분 \leftarrow 시각 \\ +\qquad\ 10분 \leftarrow 시간 \\ \hline 2시\ 50분 \leftarrow 시각 \end{array}$$

예
$$\begin{array}{r} 2시\ 40분 \leftarrow 시각 \\ -\qquad\ 10분 \leftarrow 시간 \\ \hline 2시\ 30분 \leftarrow 시각 \end{array}$$

쌍둥이 문제 3-1

❶ 150초＝120초＋30초
＝2분 30초

참고
60초＝1분이므로
150초＝60초＋60초＋30초＝1분＋1분＋30초
＝2분＋30초＝2분 30초

❷ 2시 10분 20초에서 150초 후의 시각:

$$\begin{array}{r} 2시\ 10분\ 20초 \\ +\qquad\ 2분\ 30초 \\ \hline 2시\ 12분\ 50초 \end{array}$$

답 2시 12분 50초

선행 문제 4

2, 20

실행 문제 4

❶ 4, 20, 10 / 5, 40, 20
❷ (위에서부터) 5, 40, 20 / 4, 20, 10 / 1, 20, 10

답 1시간 20분 10초

참고
• (시각)－(시각)＝(시간)
예
$$\begin{array}{r} 4시\quad 30분 \leftarrow 시각 \\ -\ 2시\quad 10분 \leftarrow 시각 \\ \hline 2시간\quad 20분 \leftarrow 시간 \end{array}$$

쌍둥이 문제 4-1

❶ 시작한 시각: 6시 25분 5초
끝낸 시각: 7시 30분 15초
❷ 그림 그리기를 하는 데 걸린 시간:

$$\begin{array}{r} 7시\quad 30분\ 15초 \\ -\ 6시\quad 25분\ \ 5초 \\ \hline 1시간\quad 5분\ 10초 \end{array}$$

답 1시간 5분 10초

선행 문제 5

(위에서부터) 50, 20, 10

실행 문제 5

❶ 40, 10
❷ 10, 10, 10, 10

답 오전 10시 10분

참고

1교시 수업 시작	오전 9시 20분	
1교시 수업 끝	오전 10시	＋40분
2교시 수업 시작	오전 10시 10분	＋10분

다르게 풀기

❶ 10, 50
❷ 50, 10, 10

답 오전 10시 10분

참고

1교시 수업 시작	오전 9시 20분	
1교시 수업 끝		40분＋10분 ＝50분
2교시 수업 시작	오전 10시 10분	

선행 문제 6

12, 19 / 19, 13

실행 문제 6

❶ 18

참고
오후 6시 40분 30초=(12+6)시 40분 30초
=18시 40분 30초

❷ (위에서부터) 18 / 12, 9, 8

답 12시간 9분 8초

쌍둥이 문제 6-1

❶ (해가 진 시각)=오후 7시 40분 30초
=19시 40분 30초

❷ 낮의 길이:

```
          39    60
   19시    40분   30초
 -  5시    25분   40초
   14시간  14분   50초
```

답 14시간 14분 50초

참고
시간의 뺄셈에서 같은 단위끼리 뺄 수 없으면
1시간을 60분, 1분을 60초로 받아내림한다.

```
예     3    60              9    60
   4시간  40분          10분   10초
 - 2시간  50분        -  5분   20초
   1시간  50분           4분   50초
```

수학 사고력 키우기   112~117쪽

대표 문제 1

주 •100   •2010

해 ❶ 2 km 100 m=2 km+100 m
=2000 m+100 m
=2100 m   답 2100 m

❷ 2100 m>2010 m이므로 은우네 집에서 더 가
까운 곳은 공원이다.   답 공원

참고
단위가 다른 경우에는 단위를 같은 형태로 나타내어
비교한다.

쌍둥이 문제 1-1

구 학교에서 더 먼 곳
주 •학교에서 영진이네 집까지의 거리:
4 km 250 m
•학교에서 수민이네 집까지의 거리:
4900 m

❶ 전략 4 km 250 m를 몇 m로 나타내어 보자.
학교에서 영진이네 집까지의 거리:
4 km 250 m=4250 m

❷ 4250 m<4900 m이므로 학교에서 더 먼 곳은
수민이네 집이다.

답 수민이네 집

다르게 풀기

❶ 전략 4900 m를 몇 km 몇 m로 나타내어 보자.
학교에서 수민이네 집까지의 거리:
4900 m=4 km 900 m

참고
4900 m=4000 m+900 m
=4 km+900 m
=4 km 900 m

❷ 4 km 250 m<4 km 900 m이므로 학교에서 더
먼 곳은 수민이네 집이다.

답 수민이네 집

대표 문제 2

해 ❶ 6500 m=6000 m+500 m
=6 km+500 m
=6 km 500 m

답 6 km 500 m

❷ ㉠ 6 km 500 m>㉡ 4 km 30 m

답 ㉠ 길

❸
```
    6 km  500 m
 -  4 km   30 m
    2 km  470 m
```

답 2 km 470 m

참고
❶ 차를 구하려면 거리를 비교하여 더 먼 곳에서 가
까운 곳을 빼야 한다.

❷ 몇 km 몇 m 단위 길이의 덧셈과 뺄셈
km는 km끼리, m는 m끼리 계산한다.

```
예    2 km  400 m           2 km  400 m
    + 1 km  200 m         - 1 km  200 m
      3 km  600 m           1 km  200 m
  (2+1) km              (2-1) km
  (400+200) m          (400-200) m
```

쌍둥이 문제 2-1

구 병원에서 슈퍼마켓까지의 거리와 병원에서 우체국까지의 거리의 차

어 ① 병원에서 슈퍼마켓까지의 거리를 몇 km 몇 m 로 나타내고

② 거리를 비교하여 차를 구하자.

① 전략 3550 m를 몇 km 몇 m로 나타내어 보자.
병원에서 슈퍼마켓까지의 거리:
3550 m = 3 km 550 m

② 병원에서 더 먼 곳: 우체국

③ 거리의 차:

$$
\begin{array}{r}
4\ \text{km}\ 740\ \text{m} \\
-\ 3\ \text{km}\ 550\ \text{m} \\
\hline
1\ \text{km}\ 190\ \text{m}
\end{array}
$$

답 1 km 190 m

대표 문제 3

주 •20
•1, 15

해 ① 책을 읽기 시작한 시각은 책을 다 읽은 시각보다 앞의 시각이다.

답 전에 ○표

②
$$
\begin{array}{r}
5\text{시}\quad 20\text{분} \\
-\ 1\text{시간}\ 15\text{분} \\
\hline
4\text{시}\quad 5\text{분}
\end{array}
$$

답 4시 5분

쌍둥이 문제 3-1

① 집에 도착한 시각에서 20분 30초 전의 시각을 구한다.

② 전략 (집에 도착한 시각)−(걸린 시간)
학교에서 출발한 시각:
$$
\begin{array}{r}
1\text{시}\ 50\text{분}\ 40\text{초} \\
-\quad 20\text{분}\ 30\text{초} \\
\hline
1\text{시}\ 30\text{분}\ 10\text{초}
\end{array}
$$

답 1시 30분 10초

대표 문제 4

해 ①
$$
\begin{array}{r}
5\text{시}\ 55\text{분} \\
-\ 5\text{시}\ 10\text{분} \\
\hline
45\text{분}
\end{array}
$$

답 45분

②
$$
\begin{array}{r}
3\text{시}\ 40\text{분} \\
-\ 3\text{시}\ 5\text{분} \\
\hline
35\text{분}
\end{array}
$$

답 35분

③ 45분＞35분이므로 운동을 더 오래 한 사람은 아린이다.

답 아린

쌍둥이 문제 4-1

구 공부를 더 오래 한 사람

어 ① 은서와 유찬이가 공부를 한 시간을 각각 구한 다음

② 시간을 비교하여 공부를 더 오래 한 사람을 찾아보자.

① 은서가 공부를 한 시간:
$$
\begin{array}{r}
4\text{시}\quad 55\text{분} \\
-\ 3\text{시}\quad 45\text{분} \\
\hline
1\text{시간}\ 10\text{분}
\end{array}
$$

② 유찬이가 공부를 한 시간:
$$
\begin{array}{r}
3\text{시}\quad 50\text{분} \\
-\ 2\text{시}\quad 5\text{분} \\
\hline
1\text{시간}\ 45\text{분}
\end{array}
$$

③ 1시간 10분＜1시간 45분이므로 공부를 더 오래 한 사람은 유찬이다.

답 유찬

대표 문제 5

해 ①
$$
\begin{array}{r}
\text{오후}\ 4\text{시}\ 30\text{분}\ 10\text{초} \\
+\qquad 45\text{분}\ 15\text{초} \\
\hline
\text{오후}\ 5\text{시}\ 15\text{분}\ 25\text{초}
\end{array}
$$

답 오후 5시 15분 25초

②
$$
\begin{array}{r}
\text{오후}\ 5\text{시}\ 15\text{분}\ 25\text{초} \\
+\qquad 15\text{분} \\
\hline
\text{오후}\ 5\text{시}\ 30\text{분}\ 25\text{초}
\end{array}
$$

답 오후 5시 30분 25초

③
$$
\begin{array}{r}
\text{오후}\ 5\text{시}\ 30\text{분}\ 25\text{초} \\
+\qquad 52\text{분}\ 30\text{초} \\
\hline
\text{오후}\ 6\text{시}\ 22\text{분}\ 55\text{초}
\end{array}
$$

답 오후 6시 22분 55초

쌍둥이 문제 5-1

❶ 1부 체험이 끝난 시각:

```
    오후 1시  10분  30초
  +          40분  10초
  ─────────────────────
    오후 1시  50분  40초
```

❷ 2부 체험이 시작한 시각:

```
              1
    오후 1시  50분  40초
  +          10분
  ─────────────────────
    오후 2시        40초
```

❸ 2부 체험이 끝난 시각:

```
                  1
    오후 2시        40초
  +          35분  40초
  ─────────────────────
    오후 2시  36분  20초
```

🄰 **오후 2시 36분 20초**

대표 문제 6

🄷 ❶ 오후 7시 20분 50초=(12+7)시 20분 50초
　　　　　　　　＝19시 20분 50초

🄰 **19시 20분 50초**

❷
```
    19시   20분  50초
  −  5시   12분  30초
  ──────────────────────
    14시간  8분  20초
```

🄰 **14시간 8분 20초**

❸
```
              59
    23        60    60
    24시간
  − 14시간   8분  20초
  ──────────────────────
    9시간   51분  40초
```

🄰 **9시간 51분 40초**

참고
❷ (낮의 길이)=(해가 진 시각)−(해가 뜬 시각)
❸ (밤의 길이)=24시간−(낮의 길이)

쌍둥이 문제 6-1

❶ 해가 진 시각:
　오후 5시 50분 50초=17시 50분 50초
❷ 낮의 길이:

```
    17시    50분  50초
  −  7시    15분  40초
  ──────────────────────
    10시간  35분  10초
```

❸ 밤의 길이:

```
              59
    23        60    60
    24시간
  − 10시간   35분  10초
  ──────────────────────
    13시간  24분  50초
```

🄰 **13시간 24분 50초**

3 STEP 수학 독해력 완성하기　118~121쪽

독해 문제 1

🄹 •20　•52

🄷 ❶
```
    10시  52분
  − 10시  20분
  ──────────────
          32분
```
🄰 **32분**

❷ 체험 시간이 32분인 것은 꽃 그리기이다.

🄰 **꽃 그리기**

독해 문제 1-1　　　정답에서 제공하는 쌍둥이 문제

로봇 축제에서 체험 시간을 나타낸 것입니다./
현수가 참가한 체험은 2시 50분에 시작하여
3시 22분에 끝났습니다./
현수가 참가한 체험은 무엇인가요?

로봇 그림 그리기	28분
로봇 축구 하기	32분
4D 영화 보기	42분

🄹 •체험이 시작한 시각: 2시 50분
　•체험이 끝난 시각: 3시 22분
　•각각 체험을 하는 데 걸리는 시간

🄴 ❶ 체험을 하는 데 걸린 시간을 구하여
　❷ 현수가 참가한 체험을 찾아보자.

🄷 ❶ 현수가 체험을 하는 데 걸린 시간:

```
     2    60
    3시  22분
  − 2시  50분
  ──────────────
          32분
```

❷ 현수가 참가한 체험은 로봇 축구 하기이다.

🄰 **로봇 축구 하기**

독해 문제 2

구 ㉡

주 • 400 • 4200 • 300

해 ❶ 4200 m＝4000 m＋200 m
＝4 km＋200 m
＝4 km 200 m

답 4 km 200 m

❷ (㉠~㉣)＝(㉠~㉢)+(㉢~㉣)
＝10 km 400 m＋4 km 200 m
＝14 km 600 m

답 14 km 600 m

❸ 14 km 600 m－9 km 300 m＝5 km 300 m

답 5 km 300 m

독해 문제 2-1 　　정답에서 제공하는 **쌍둥이 문제**

㉢에서 ㉣까지의 거리는 몇 km 몇 m인가요?

2400 m　　3 km 500 m
㉠　　㉡　　㉢　　㉣
4 km 100 m

어 ❶ ㉠에서 ㉡까지의 거리를 몇 km 몇 m로 나타내고

❷ ㉠에서 ㉣까지의 거리를 구한 다음 ㉠에서 ㉢까지의 거리를 빼서 ㉢에서 ㉣까지의 거리를 구하자.

해 ❶ ㉠에서 ㉡까지의 거리:
2400 m＝2000 m＋400 m
＝2 km＋400 m
＝2 km 400 m

❷ 전략 (㉠~㉣)＝(㉠~㉡)+(㉡~㉣)
㉠에서 ㉣까지의 거리:

　2 km　400 m
＋3 km　500 m
　5 km　900 m

❸ 전략 (㉢~㉣)＝(㉠~㉣)－(㉠~㉢)
㉢에서 ㉣까지의 거리:

　5 km　900 m
－4 km　100 m
　1 km　800 m

답 1 km 800 m

독해 문제 3

주 • 11, 50 • 25 • 11, 15, 45

해 ❶
　　오전 11시　50분
－　　　　　25분
　　오전 11시　25분

답 오전 11시 25분

❷
　　　　　24　60
　　오전 11시　25분
－　오전 11시　15분　45초
　　　　　9분　15초

답 9분 15초 후

독해 문제 3-1 　　정답에서 제공하는 **쌍둥이 문제**

상현이는 친구와 도서관에서 오후 6시에 만나기로 했고,/
상현이네 집에서 도서관까지 가는 데는 21분이 걸립니다./
현재 시각이 오후 5시 10분 10초일 때/
상현이가 친구와 만나기로 한 시각에 정확히 도착하려면/
현재 시각부터 몇 분 몇 초 후 집에서 출발해야 하나요?

주 • 상현이가 친구와 도서관에서 만나기로 한 시각: 오후 6시
• 상현이네 집에서 도서관까지 가는 데 걸리는 시간: 21분
• 현재 시각: 오후 5시 10분 10초

해 ❶ 상현이가 집에서 출발해야 할 시각:
　　　　　5　60
　　오후 6시
－　　　　21분
　　오후 5시　39분

❷ 만나기로 한 시각에 정확히 도착하려면 현재 시각부터 몇 분 몇 초 후에 출발해야 하는지 구해 보면
　　　　　38　60
　　오후 5시　39분
－　오후 5시　10분　10초
　　　　28분　50초

답 28분 50초 후

독해 문제 | 4

주 •10   •10   •7

해 ❶ 10초씩 7일 동안 느려지므로
   10×7=70(초)이다.

답 70초

❷ 60초=1분이므로
   70초=60초+10초=1분+10초=1분 10초
   이다.

답 1분 10초

❸

$$\begin{array}{r} 59 \\ 9\;\cancel{60}\;60 \\ \text{오전}\;\cancel{10}\text{시} \\ -1\text{분}\;10\text{초} \\ \hline \text{오전}\;9\text{시}\;58\text{분}\;50\text{초} \end{array}$$

답 오전 9시 58분 50초

독해 문제 | 4-1

정답에서 제공하는 **쌍둥이 문제**

하루에 7초씩 느려지는 시계가 있습니다. /
어느 날 이 시계를 오후 2시에 정확하게 맞추어 놓
았다면 /
9일 후 오후 2시에 이 시계가 가리키는 시각은 오
후 몇 시 몇 분 몇 초인가요?

구 9일 후 오후 2시에 고장 난 시계가 가리키는 시각

주 •하루에 느려지는 시간: 7초

   •정확하게 맞추어 놓은 시각: 오후 2시

   •다시 시각을 확인하는 날: 9일 후

어 ❶ 9일 동안 느려지는 전체 시간을 구하고

   ❷ 시각을 다시 확인할 때 시계가 가리키는 시
      각을 구하자.

해 ❶ 이 시계가 9일 동안 느려지는 시간:
      7×9=63(초)

   ❷ 63초=60초+3초=1분+3초=1분 3초

   ❸ 9일 후 오후 2시에 이 시계가 가리키는 시각:

$$\begin{array}{r} 59 \\ 1\;\cancel{60}\;60 \\ \text{오후}\;\cancel{2}\text{시} \\ -1\text{분}\;3\text{초} \\ \hline \text{오후}\;1\text{시}\;58\text{분}\;57\text{초} \end{array}$$

답 오후 1시 58분 57초

---

4 STEP 창의·융합·코딩 체험하기 122~125쪽

융합 ❶

제기차기: 10분 30초, 연날리기: 15분 10초

$$\begin{array}{r} 10\text{분}\;\;30\text{초} \\ +\;15\text{분}\;\;10\text{초} \\ \hline 25\text{분}\;\;40\text{초} \end{array}$$

답 25분 40초

융합 ❷

(1) 기린의 키는 m가 알맞다.

답 m에 ○표

(2) 서울에서 부산까지의 거리는 km가 알맞다.

답 km에 ○표

창의 ❸

①에서 걸리는 시간: 5분 30초
②에서 걸리는 시간: 10분

$$\begin{array}{r} 5\text{분}\;\;30\text{초} \\ +\;10\text{분}\phantom{\;\;30\text{초}} \\ \hline 15\text{분}\;\;30\text{초} \end{array}$$

답 15분 30초

창의 ❹

③에서 걸리는 시간: 15분 30초

$$\begin{array}{r} 1 \\ 15\text{분}\;\;30\text{초} \\ +\;11\text{분}\;\;30\text{초} \\ \hline 27\text{분}\phantom{\;\;30\text{초}} \end{array}$$

답 27분

주의 받아올림에 주의하여 계산한다.

코딩 ❺

(1) 100 cm보다 길지 않고, 30 cm보다 길다.

   → 초록색 스티커가 나온다.

답 초록색

(2) 1 m 10 cm＝110 cm

110 cm는 100 cm보다 길다.

➡ 빨간색 스티커가 나온다.

답 **빨간색**

창의 6

집에서 도서관까지의 거리: 1 km 200 m

$$
\begin{array}{r}
1\,\text{km}\ 200\,\text{m} \\
+\ 1\,\text{km}\ 200\,\text{m} \\
\hline
2\,\text{km}\ 400\,\text{m}
\end{array}
$$

답 **2 km 400 m**

참고 집에서 도서관까지 갔다가 집으로 다시 오는 것이므로 두 번 더한다.

창의 7

집에서 학원까지의 거리: 1400 m

1400 m＝1 km 400 m

$$
\begin{array}{r}
1\,\text{km}\ 400\,\text{m} \\
+\ 1\,\text{km}\ 400\,\text{m} \\
\hline
2\,\text{km}\ 800\,\text{m}
\end{array}
$$

답 **2 km 800 m**

참고 답을 몇 km 몇 m로 구해야 하므로 1400 m를 1 km 400 m로 나타내어 구한다.

종합평가 실전 마무리 하기 126~129쪽

1 4 cm 3 mm＝40 mm＋3 mm

＝43 mm

답 **43 mm**

2 ❶ 2분 10초＝120초＋10초＝130초

❷ 130초＜160초이므로 더 오래 매달린 사람은 희민이다.

답 **희민**

다르게 풀기

❶ 160초＝120초＋40초＝2분＋40초＝2분 40초

❷ 2분 10초＜2분 40초이므로 더 오래 매달린 사람은 희민이다.

답 **희민**

3 ❶ 1100 m＝1 km 100 m

❷ 자전거를 타고 달린 거리:

$$
\begin{array}{r}
1\,\text{km}\ 100\,\text{m} \\
+\ 1\,\text{km}\ 100\,\text{m} \\
\hline
2\,\text{km}\ 200\,\text{m}
\end{array}
$$

답 **2 km 200 m**

4 ❶ 지금 시각: 4시 15분

❷ 4시 15분에서 1시간 20분 후의 시각:

$$
\begin{array}{r}
4\text{시}\ \ \ \ \ 15\text{분} \\
+\ 1\text{시간}\ 20\text{분} \\
\hline
5\text{시}\ \ \ \ \ 35\text{분}
\end{array}
$$

답 **5시 35분**

5 ❶ 청소를 끝낸 시각에서 1시간 25분 전의 시각을 구한다.

❷ 청소를 시작한 시각:

$$
\begin{array}{r}
3\text{시}\ \ \ \ \ 40\text{분}\ 20\text{초} \\
-\ 1\text{시간}\ 25\text{분} \\
\hline
2\text{시}\ \ \ \ \ 15\text{분}\ 20\text{초}
\end{array}
$$

답 **2시 15분 20초**

6 ❶ 사용한 색 테이프의 길이:

204 mm＝20 cm 4 mm

❷ 남은 색 테이프의 길이:

$$
\begin{array}{r}
45\,\text{cm}\ 7\,\text{mm} \\
-\ 20\,\text{cm}\ 4\,\text{mm} \\
\hline
25\,\text{cm}\ 3\,\text{mm}
\end{array}
$$

답 **25 cm 3 mm**

7 ❶ (㉠~㉡)＝2200 m＝2 km 200 m

❷ (㉡~㉢)＝(㉠~㉢)－(㉠~㉡)

＝7 km 440 m－2 km 200 m

＝5 km 240 m

답 **5 km 240 m**

8 **❶** 1부 수업이 끝나는 시각:

$$
\begin{array}{r}
\overset{1}{3}\text{시} \quad 20\text{분} \\
+ \qquad 50\text{분} \\
\hline
4\text{시} \quad 10\text{분}
\end{array}
$$

❷ 2부 수업이 시작하는 시각:

$$
\begin{array}{r}
4\text{시} \quad 10\text{분} \\
+ \qquad 20\text{분} \\
\hline
4\text{시} \quad 30\text{분}
\end{array}
$$

❸ 2부 수업이 끝나는 시각:

$$
\begin{array}{r}
\overset{1}{4}\text{시} \quad 30\text{분} \\
+ \qquad 50\text{분} \\
\hline
5\text{시} \quad 20\text{분}
\end{array}
$$

답 5시 20분

9 **❶** 은지가 독서를 한 시간:

$$
\begin{array}{r}
6\text{시} \quad 50\text{분} \quad 55\text{초} \\
- \quad 5\text{시} \quad 40\text{분} \quad 30\text{초} \\
\hline
1\text{시간} \quad 10\text{분} \quad 25\text{초}
\end{array}
$$

❷ 원용이가 독서를 한 시간:

$$
\begin{array}{r}
4\text{시} \quad 20\text{분} \quad 40\text{초} \\
- \quad 3\text{시} \quad 5\text{분} \quad 10\text{초} \\
\hline
1\text{시간} \quad 15\text{분} \quad 30\text{초}
\end{array}
$$

❸ 1시간 10분 25초 < 1시간 15분 30초이므로 독서를 더 오래 한 사람은 원용이다.

답 원용

10 **❶** 해가 진 시각:

오후 7시 22분 20초 = 19시 22분 20초

❷ 낮의 길이:

$$
\begin{array}{r}
\overset{18}{19}\text{시} \quad \overset{60}{22}\text{분} \quad 20\text{초} \\
- \quad 5\text{시} \quad 40\text{분} \quad 10\text{초} \\
\hline
13\text{시간} \quad 42\text{분} \quad 10\text{초}
\end{array}
$$

❸ 밤의 길이:

$$
\begin{array}{r}
\overset{23}{\cancel{24}}\text{시간} \quad \overset{59}{\cancel{60}}\quad 60 \\
- \quad 13\text{시간} \quad 42\text{분} \quad 10\text{초} \\
\hline
10\text{시간} \quad 17\text{분} \quad 50\text{초}
\end{array}
$$

답 10시간 17분 50초

---

6 분수와 소수

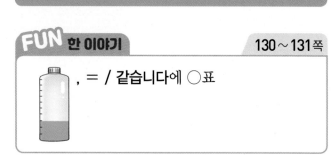

FUN한 이야기   130~131쪽

, = / 같습니다에 ○표

STEP 1 문제 해결력 기르기   132~135쪽

선행 문제 1

$5, 2, \dfrac{2}{5}$

실행 문제 1

❶ 9

❷ 7, 2

❸ $\dfrac{2}{9}$

답 $\dfrac{2}{9}$

쌍둥이 문제 1-1

❶ 전체를 똑같이 나눈 조각 수: 8조각

❷ 전략 (남은 조각 수)=(전체 조각 수)−(먹은 조각 수)

남은 조각 수: 8−3=5(조각)

❸ 전략 분수로 나타내기: $\dfrac{(\text{남은 조각 수})}{(\text{전체를 똑같이 나눈 조각 수})}$

남은 피자를 분수로 나타내기: $\dfrac{5}{8}$

답 $\dfrac{5}{8}$

선행 문제 2

2, 3, 2, 3

실행 문제 2

❶ 큰에 ○표

❷ 7, 6, 5

❸ 7

답 $\dfrac{7}{9}$

참고 • 분모가 같은 분수의 크기 비교
분자가 클수록 크다.
예 $\dfrac{2}{5} < \dfrac{3}{5}$

실행 문제 4

❶ 같다에 ○표

❷ 5, 8

❸ 6, 7

답▶ 6, 7

참고 • 소수의 크기 비교
소수의 크기를 비교할 때는 먼저 자연수 부분의 크기를 비교한다.
－자연수 부분의 수가 다를 경우
자연수 부분의 수가 클수록 더 크다.
예 $4.3 > 2.5$
└ 4 > 2 ┘
－자연수 부분의 수가 같은 경우
소수 부분의 수가 클수록 더 크다.
예 $1.6 < 1.9$
└ 6 < 9 ┘

쌍둥이 문제 2-1

❶ 분모가 7인 분수 중 가장 작은 분수를 만들려면 분자에 가장 작은 수를 놓아야 한다.

❷ 수 카드의 수의 크기 비교하기: $3 < 4 < 6$

❸ 전략▷ 분자가 작을수록 작은 분수이다.

분모가 7인 가장 작은 분수 만들기: $\dfrac{3}{7}$

답▶ $\dfrac{3}{7}$

선행 문제 3

9, 7, 8

실행 문제 3

❶ 작을수록에 ○표

❷ 6, 5(또는 5, 6)

답▶ $\dfrac{1}{6}$, $\dfrac{1}{5}$

참고 • 단위분수의 크기 비교
분모가 작을수록 크다.
예 $\dfrac{1}{4} < \dfrac{1}{2}$

쌍둥이 문제 3-1

❶ 단위분수는 분모가 작을수록 크다.

❷ 전략▷ 분모가 2보다 크고 6보다 작은 단위분수를 구하자.

$\dfrac{1}{6}$보다 크고 $\dfrac{1}{2}$보다 작은 단위분수: $\dfrac{1}{5}$, $\dfrac{1}{4}$, $\dfrac{1}{3}$

답▶ $\dfrac{1}{5}$, $\dfrac{1}{4}$, $\dfrac{1}{3}$

선행 문제 4

❶ 같다에 ○표   ❷ 7, 8, 9

쌍둥이 문제 4-1

❶ 자연수 부분의 크기가 같다.

❷ 소수 부분의 크기 비교하기: $1 < \square < 5$

❸ $\square$ 안에 알맞은 수: 2, 3, 4

답▶ 2, 3, 4

2 STEP 수학 사고력 키우기   136~139쪽

대표 문제 1

주 • 3
• 2

해 ❶ 진현이와 준영이가 먹은 조각은
$3+2=5$(조각)이므로 남은 조각은
$8-5=3$(조각)이다.

답▶ 3조각

❷ 전체를 똑같이 8로 나눈 것 중의 3이므로 $\dfrac{3}{8}$이다.

답▶ $\dfrac{3}{8}$

쌍둥이 문제 1-1

구 두 사람이 먹고 남은 식빵은 전체의 몇 분의 몇

주 • 전체 식빵 조각 수: 10조각
• 미선이가 먹은 식빵 조각 수: 4조각
• 현중이가 먹은 식빵 조각 수: 5조각

❶ 미선이와 현중이가 먹고 남은 식빵: 1조각

❷ 두 사람이 먹고 남은 식빵을 분수로 나타내기: $\frac{1}{10}$

답 $\frac{1}{10}$

참고

❶ 미선이와 현중이가 먹은 조각은 4+5=9(조각)이므로 남은 조각은 10−9=1(조각)이다.

❷ $\frac{(\text{남은 조각 수})}{(\text{전체 조각 수})} = \frac{1}{10}$

대표 문제 2

해 ❶ 분자가 1인 분수는 분모가 작을수록 크다.

답 **작을수록**에 ○표

❷ 수 카드의 수의 크기 비교하기: 5<6<7

답 5, 6, 7

❸ 분자가 1인 분수는 분모가 작을수록 큰 분수이므로 수 카드의 수 중 가장 작은 수를 분모로 한다. ➡ $\frac{1}{5}$

답 $\frac{1}{5}$

쌍둥이 문제 2-1

구 분자가 1인 분수 중 가장 작은 분수

어 **1** 분자가 1인 분수의 크기가 작으려면 분모가 작아야 하는지 커야 하는지 알아본 후
2 수 카드의 수의 크기를 비교해 보고 가장 작은 분수를 만들어 보자.

❶ 분자가 1인 분수는 분모가 클수록 작다.

❷ 수 카드의 수의 크기 비교하기: 7>3>2

❸ 분모가 1인 분수 중 가장 작은 분수: $\frac{1}{7}$

답 $\frac{1}{7}$

참고

분모가 클수록 작은 분수이므로 가장 큰 수를 분모로 한다. ➡ $\frac{1}{7}$

대표 문제 3

주 6

해 ❶ 답 **클수록**에 ○표

❷ 분모가 7인 분수 중 분자가 2보다 크고 6보다 작은 분수를 모두 찾는다. ➡ $\frac{3}{7}$, $\frac{4}{7}$, $\frac{5}{7}$

답 $\frac{3}{7}$, $\frac{4}{7}$, $\frac{5}{7}$

❸ $\frac{3}{7}$, $\frac{4}{7}$, $\frac{5}{7}$ ➡ 3개

답 3개

쌍둥이 문제 3-1

주 • 분모: 8
• $\frac{3}{8}$보다 크고 $\frac{7}{8}$보다 작은 분수

❶ 분모가 같은 분수는 분자가 클수록 크다.

❷ 분모가 8인 분수 중에서 $\frac{3}{8}$보다 크고 $\frac{7}{8}$보다 작은 분수: $\frac{4}{8}$, $\frac{5}{8}$, $\frac{6}{8}$

❸ 위 ❷에서 구한 분수는 모두 3개이다.

답 3개

대표 문제 4

해 ❶ 5.8>5.4(×), 5.8<6.4(○), 5.8<7.4(○), 5.8<8.4(○), 5.8<9.4(○)

답 6, 7, 8, 9

❷ 6.4<8.6(○), 7.4<8.6(○), 8.4<8.6(○), 9.4>8.6(×)

답 6, 7, 8

❸ 5.8<6.4<8.6, 5.8<7.4<8.6, 5.8<8.4<8.6

답 6, 7, 8

쌍둥이 문제 4-1

❶ 6.1<□.5의 □ 안에 알맞은 수: 6, 7, 8, 9

❷ 위 ❶에서 찾은 수 중에서 □.5<9.7의 □ 안에 알맞은 수: 6, 7, 8, 9

❸ 6.1<□.5<9.7의 □ 안에 알맞은 수: 6, 7, 8, 9

답 6, 7, 8, 9

3 STEP 수학 독해력 완성하기 140~143쪽

독해 문제 | 1

해 ❶ 1 m를 똑같이 10조각으로 나눈 것 중의 6이므로 $\frac{6}{10}$ m이다.

답 $\frac{6}{10}$ m

❷ $\frac{6}{10}$ m를 소수로 나타내면 0.6 m이다.

답 0.6 m

독해 문제 | 2

해 ❶ 9 cm 7 mm＝9 cm＋0.7 cm＝9.7 cm

답 9.7 cm

❷ 자연수 부분의 크기를 비교해 보면 10＞9이므로 10.5＞9.7이다.

답 ＞, 9.7

❸ 10.5 cm＞9.7 cm이므로 철사를 더 많이 사용한 사람은 상현이다.

답 상현

독해 문제 | 2-1　　　정답에서 제공하는 **쌍둥이 문제**

가 나무 도막의 길이는 20.1 cm이고,
나 나무 도막의 길이는 22 cm 5 mm입니다./
더 긴 것의 기호를 써 보세요.

구 길이가 더 긴 나무 도막

주 •가 나무 도막의 길이: 20.1 cm
　•나 나무 도막의 길이: 22 cm 5 mm

어 ❶ 나 나무 도막의 길이를 cm 단위로 나타내고
　❷ 가와 나의 나무 도막의 길이를 비교하여 더 긴 것을 구하자.

해 ❶ 나 나무 도막의 길이를 cm 단위로 나타내면
　　22 cm 5 mm＝22 cm＋0.5 cm
　　　　　　　　＝22.5 cm

❷ 가 나무 도막과 나 나무 도막의 길이를 비교해 보면 20.1 cm＜22.5 cm이다.

❸ 나무 도막의 길이가 더 긴 것은 나이다.

답 나

독해 문제 | 3

해 ❶ 8조각의 $\frac{1}{4}$이므로
　　8÷4＝2(조각)만큼 색칠한다.

답 예 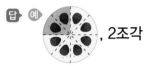 , 2조각

❷ $\frac{3}{4}$은 $\frac{1}{4}$이 3개이다.

답 3개

❸ 전체의 $\frac{1}{4}$이 2조각이므로 $\frac{3}{4}$은
　　2×3＝6(조각)이다.

답 6조각

독해 문제 | 3-1　　　정답에서 제공하는 **쌍둥이 문제**

연아는 빵을 똑같이 8조각으로 나누어/
전체의 $\frac{2}{4}$만큼 먹었습니다./
연아가 먹은 빵은 몇 조각인가요?

구 연아가 먹은 빵의 조각 수

주 •빵을 똑같이 나눈 조각 수: 8조각
　•연아가 먹은 양: 전체의 $\frac{2}{4}$

어 ❶ 빵 전체의 $\frac{1}{4}$만큼은 몇 조각인지 구하고,
　　$\frac{1}{4}$과 $\frac{2}{4}$의 관계를 알아본 후,

❷ 연아는 빵을 몇 조각 먹었는지 구하자.

해 ❶ 빵을 똑같이 8조각으로 나누었을 때 전체의
　　$\frac{1}{4}$만큼은 2조각이다.

❷ $\frac{2}{4}$는 $\frac{1}{4}$이 2개이다.

❸ 전체의 $\frac{1}{4}$이 2조각이므로 $\frac{2}{4}$는
　　2×2＝4(조각)이다.

답 4조각

독해 문제 | 4

해 ❶ 답 ■에 ○표, ▲에 ○표

❷ 답 7, 5, 1

❸ 답 7.5

독해 문제 | 4-1

정답에서 제공하는 **쌍둥이 문제**

3장의 수 카드 중 2장을 골라 한 번씩만 사용하여/ 소수 ■.▲를 만들려고 합니다./ 만들 수 있는 소수 중에서 가장 큰 수를 구해 보세요.

| 2 | 6 | 9 |

구 만들 수 있는 소수 중에서 가장 큰 수

어 1 가장 큰 ■.▲를 만들 때 가장 큰 수와 두 번째로 큰 수를 놓아야 하는 자리를 알아보고

2 수 카드의 수의 크기를 비교하여

3 만들 수 있는 소수 중에서 가장 큰 수를 구하자.

해 1 가장 큰 ■.▲를 만들려면 가장 큰 수를 ■에 놓고, 두 번째로 큰 수를 ▲에 놓아야 한다.

2 수 카드의 수의 크기 비교: 9>6>2

3 만들 수 있는 소수 중에서 가장 큰 수: 9.6

답 9.6

독해 문제 | 5

주 •3
•0.2

해 1 $0.2 = \frac{2}{10}$

답 $\frac{2}{10}$

2

| 빨간색 | 노란색 |

전체의 $\frac{3}{10}$과 전체의 $\frac{2}{10}$를 칠하고 남은 부분은 전체의 $\frac{5}{10}$이다.

➡ (남은 부분)=(파란색을 칠한 부분)=$\frac{5}{10}$

답 $\frac{5}{10}$

3 $\frac{5}{10} > \frac{3}{10} > \frac{2}{10}$이므로 가장 넓은 부분을 칠한 색은 파란색이다.

답 파란색

독해 문제 | 5-1

정답에서 제공하는 **쌍둥이 문제**

미연이네 집 텃밭 전체의 $\frac{4}{10}$에 상추를 심고,/ 전체의 0.5에 고추를 심었습니다./ 나머지 부분에 모두 양파를 심었다면/ 가장 넓은 부분에 심은 채소는 무엇인가요?

구 가장 넓은 부분에 심은 채소

주 •상추를 심은 부분: 전체의 $\frac{4}{10}$

•고추를 심은 부분: 전체의 0.5

•양파를 심은 부분: 나머지 부분

해 1 고추를 심은 부분: 전체의 $\frac{5}{10}$

2

| 상추 | |
| 고추 | |

➡ 양파를 심은 부분: 전체의 $\frac{1}{10}$

3 $\frac{5}{10} > \frac{4}{10} > \frac{1}{10}$이므로 가장 넓은 부분에 심은 채소는 고추이다.

답 고추

독해 문제 | 6

주 •10
•큰에 ○표
•작은에 ○표

해 1 $0.3 = \frac{3}{10}$

답 $\frac{3}{10}$

2 $\frac{1}{10}$이 8개인 수: $\frac{8}{10}$

답 $\frac{8}{10}$

3 분모가 10인 분수 중 $\frac{3}{10}$보다 크고 $\frac{8}{10}$보다 작은 분수의 분자는 3보다 크고 8보다 작아야 한다.

➡ $\frac{4}{10}$, $\frac{5}{10}$, $\frac{6}{10}$, $\frac{7}{10}$

답 $\frac{4}{10}$, $\frac{5}{10}$, $\frac{6}{10}$, $\frac{7}{10}$

독해 문제 | 6-1

정답에서 제공하는 **쌍둥이 문제**

[조건]에 맞는 분수를 모두 구해 보세요.

┌─[조건]─────────────────┐
│ • 분모가 10입니다.
│ • 0.5보다 큰 수입니다.
│ • $\frac{1}{10}$이 9개인 수보다 작은 수입니다.
└────────────────────────┘

주 • 분모: 10

• 0.5보다 큰 수

• $\frac{1}{10}$이 9개인 수보다 작은 수

어 **1** 0.5를 분수로 나타내고, $\frac{1}{10}$이 9개인 수를 분수로 나타낸 다음

2 조건에 맞는 분수를 모두 찾아보자.

해 **❶** $0.5 = \frac{5}{10}$

❷ $\frac{1}{10}$이 9개인 수는 $\frac{9}{10}$이다.

❸ 분모가 10인 분수 중 $\frac{5}{10}$보다 크고 $\frac{9}{10}$보다 작은 수: $\frac{6}{10}$, $\frac{7}{10}$, $\frac{8}{10}$

답 $\frac{6}{10}$, $\frac{7}{10}$, $\frac{8}{10}$

---

4 STEP 창의·융합·코딩 체험하기 | 144~147쪽

융합 ①

전체를 똑같이 나눈 수를 알아본다.
인도네시아: 2, 이탈리아: 3,
모리셔스: 4, 오스트리아: 3

답 모리셔스

융합 ②

각 국기에서 빨간색 부분은 전체의 몇 분의 몇인지 알아본다.

인도네시아: $\frac{1}{2}$, 이탈리아: $\frac{1}{3}$,

모리셔스: $\frac{1}{4}$, 오스트리아: $\frac{2}{3}$

답 오스트리아

융합 ③

이탈리아: $\frac{1}{3}$, 모리셔스: $\frac{1}{4}$

→ $\frac{1}{3} > \frac{1}{4}$이므로 초록색 부분이 더 넓은 국기는 이탈리아 국기이다.

답 이탈리아

융합 ④

$1 > \frac{1}{2} > \frac{1}{4}$이므로 음의 길이가 가장 짧은 것은 ♪이다.

답 ( )( )(○)

창의 ⑤

$35 > 27 > 20 > 17 > 10$이므로 비가 가장 많이 올 것으로 예상되는 지역은 서울이고, 예상 비의 양은 $35\,mm = 3.5\,cm$이다.

답 3.5 cm

창의 ⑥

• 부분의 모양이 전체에 포함될 수 있는 모양은 ㉠, ㉢, ㉤이다.

• 부분은 전체를 똑같이 4로 나눈 것 중의 3이므로 $\frac{3}{4}$이다.

답 ㉠, ㉢, ㉤ / $\frac{3}{4}$

창의 ⑦

소수의 크기를 비교해 본다.
㉡ $7.3 >$ ㉠ $6.9 >$ ㉢ 6.5이므로 1장당 판매 가격이 가장 저렴한 것은 ㉢이다.

답 ㉢

코딩 ⑧

$0.5 = \frac{5}{10}$이고 분자가 4보다 크므로 '○'가 인쇄된다.

답 ○

코딩 9

분모가 2만큼 더 커진다.

$\dfrac{1}{5}$ → $\dfrac{1}{7}$ → $\dfrac{1}{9}$

↓ ─ 분자가 2만큼 더 커진다.

$\dfrac{3}{6}$ ← $\dfrac{3}{9}$

분모가 3만큼 더 작아진다.

답 $\dfrac{3}{6}$

종합평가 실전 마무리 하기 148~151쪽

1 ❶ ㉠ 42 mm=4.2 cm

㉡ 10 cm 7 mm=10.7 cm

❷ 잘못 나타낸 것: ㉡

답 ㉡

2 ❶ 소수로 나타내기: ㉠ 3.8, ㉡ 3.3

❷ 더 큰 수: ㉠

답 ㉠

3 ❶ 전체를 똑같이 나눈 조각 수: 8조각

❷ 남은 조각 수: 8−2=6(조각)

❸ 남은 케이크를 분수로 나타내기: $\dfrac{6}{8}$

답 $\dfrac{6}{8}$

4 ❶ 소수의 크기 비교하기: 0.7<0.9

❷ 용돈을 더 많이 사용한 사람은 진욱이다.

답 진욱

5 ❶ 사용한 끈의 길이를 분수로 나타내기: $\dfrac{8}{10}$ m

❷ 위 ❶에서 구한 길이를 소수로 나타내기: 0.8 m

답 0.8 m

6 ❶ 단위분수는 분모가 작을수록 크다.

❷ 분모의 크기를 비교하면 4<5<8이므로

$\dfrac{1}{4}$ > $\dfrac{1}{5}$ > $\dfrac{1}{8}$이다.

❸ 주스를 가장 많이 마신 사람은 연수이다.

답 연수

7 ❶ 민서가 가지고 온 끈의 길이: $\dfrac{5}{10}$ m=0.5 m

❷ 1.2>0.9>0.5이므로 가장 짧은 끈을 가지고 온 사람은 민서이다.

답 민서

8 ❶ 분모가 6인 분수 중 가장 큰 분수를 만들려면 분자에 가장 큰 수를 놓아야 한다.

❷ 수 카드의 수의 크기 비교하기: 5>4>2

❸ 분모가 6인 가장 큰 분수 만들기: $\dfrac{5}{6}$

답 $\dfrac{5}{6}$

9 ❶ 떡을 12조각으로 나누었을 때 전체의 $\dfrac{1}{6}$만큼: 2조각

❷ $\dfrac{2}{6}$는 $\dfrac{1}{6}$이 2개이다.

❸ 미정이가 먹은 떡: 2×2=4(조각)

답 4조각

10 ❶ 3.3<□.1의 □ 안에 알맞은 수: 4, 5, 6, 7, 8, 9

❷ 위 ❶에서 찾은 수 중에서 □.1<7.4의 □ 안에 알맞은 수: 4, 5, 6, 7

❸ 3.3<□.1<7.4의 □ 안에 알맞은 수: 4, 5, 6, 7

답 4, 5, 6, 7

11 ❶ 미선이가 먹은 양: 전체의 $\dfrac{5}{10}$

❷ 준하가 먹은 양: 전체의 $\dfrac{3}{10}$

❸ 피자를 가장 많이 먹은 사람: 미선

답 미선

12 ❶ 0.1이 6개인 수: 0.6=$\dfrac{6}{10}$

❷ $\dfrac{1}{10}$이 9개인 수: $\dfrac{9}{10}$

❸ 분모가 10인 분수 중 $\dfrac{6}{10}$보다 크고 $\dfrac{9}{10}$보다 작은 수: $\dfrac{7}{10}$, $\dfrac{8}{10}$

답 $\dfrac{7}{10}$, $\dfrac{8}{10}$

정답은
이안에
있어!